Florian Hoffmann

Fünf Gründe, warum die Welt nicht untergeht

Florian Hoffmann ist Gründer von The DO, der globalen Plattform für eine neue Wirtschaft, die nachhaltig, innovativ und gerecht ist. The DO arbeitet international mit Sitz in Berlin, Hongkong und New York. Das Weltwirtschaftsforum zeichnete Florian für seine Arbeit als einen von 100 Young Global Leaders unter vierzig aus. Florian ist Jurymitglied des deutschen Nachhaltigkeitspreises, Fellow der Tribeca Disruptive Innovation Awards und Juror beim mit einer Million Dollar dotierten Global Teacher Prize. Er studierte an der Universität Oxford, der Duke University, dem Bard College und der Humboldt-Universität. Mit seiner Frau und seiner Tochter lebt er zurzeit in Berlin.

Florian Hoffmann

Fünf Gründe, warum die Welt nicht untergeht

brand eins books

Inhalt

Zu Beginn

Januar 2024. Ich sitze in einem Konferenzraum mit 200 einflussreichen Menschen. Ein Mann nimmt sich das Mikrofon: «Wer von Ihnen glaubt, dass die Generation Ihrer Kinder es besser haben wird als Sie?» Im Raum gehen höchstens zehn Hände in die Höhe. Der Raum liegt im schweizerischen Davos, die 200 Menschen sind bedeutende Führungspersönlichkeiten aus Wirtschaft und Politik aus der ganzen Welt, der Mann ist einer der Leiter des jährlich stattfindenden World Economic Forums.

Die verhaltene Reaktion war wohl zu erwarten. Wohin man schaut: Probleme. Ein brennender Planet, eine Wirtschaft, die sich zu langsam verändert. Demokratien, bedroht durch Fehlinformation und Fake News, rechte Bewegungen, Kriege. Technologien, die wir nicht mehr zu kontrollieren in der Lage scheinen. Gemeinschaften, die sich zu schnell auseinanderbewegen, und in der Mitte von alldem wir Menschen, denen es oft zu viel wird. Schon seit ein paar Jahren, seit die Veränderungen so stark zunehmen, sprechen wir so oder so ähnlich über unsere Zeit.

Ich höre immer mehr Stimmen in der Öffentlichkeit und um mich herum, die sagen, dass früher vieles besser war. Deutschland war Exportweltmeister, es gab keine ernst zu nehmenden Parteien am rechten Rand, und die

Welt schien halbwegs stabil, mit den USA in dominierender Rolle. Aber dann kamen viele Disruptionen auf einmal: Klima, Geopolitik, Lieferketten, Arbeitswandel, Pandemie, Krieg, KI. Kein Wunder, dass man sich zurücksehnt in eine Vergangenheit, in der ein deutsches Auto noch Wunder der Technik und Statusobjekt sein konnte und nicht Sinnbild schmerzlichen Wirtschaftswandels war.

Ich beschäftige mich seit zwanzig Jahren mit der Frage, warum wir uns mit Veränderung in unserer Gesellschaft und mit dem Umsetzen neuer Ideen oft schwertun. Warum wir veränderungsmüde werden, ausgerechnet jetzt, wo die Antwort auf die Frage, wie Veränderung gelingen kann, nie wichtiger war. Wir stehen vor gewaltigen Herausforderungen und scheinen noch keine grundsätzlichen Lösungen gefunden zu haben. Eine Erkenntnis der vergangenen Jahre ist, dass viele Menschen das Gefühl haben, festzustecken. Ausgesetzt in einer Art Niemandsland, den Blick in eine vermeintlich einfachere Vergangenheit gerichtet und sich fragend, welche Art Fortschritt eigentlich die richtige ist.

Dabei gibt es viele gute Erkenntnisse, welche individuellen Fähigkeiten uns helfen, resilienter zu sein. Aber es bleibt eine Herausforderung, mit Optimismus in die Zukunft zu blicken und diese erfolgreich mitzugestalten. Dieses Buch möchte anhand der Geschichten unterschiedlicher Menschen Wege aus dem Niemandsland zeigen. Und die wichtigste Botschaft dabei ist: Die meisten großen Herausforderungen unserer Zeit haben eines gemeinsam – sie sind menschengemacht! Und das heißt auch, dass wir Menschen es in der Hand haben, diese Herausforderungen anzunehmen und zu lösen. Schon der griechische Philosoph Epiktet soll laut Überlieferung gesagt haben: «Es geht nicht darum, was dir im Leben passiert, sondern wie du damit umgehst.» Das ist der Kern der fünf Gründe, warum unsere Welt nicht untergeht.

Ein Blick ins Niemandsland

Vor Kurzem war ich in Berlin zu einer Art Klassentreffen führender Journalistinnen und Politiker eingeladen. Einer der regierenden Politiker Deutschlands (und sicherlich einer der besten Rhetoriker) sprach in kleiner Runde davon, dass wir den Menschen die Schwierigkeit der momentanen Lage nicht verschweigen dürfen. Und dass wir auch nicht immer gleich Antworten vorgeben müssen, sondern die Herausforderungen ernst nehmen. Er wollte ehrlich sein und im Gegensatz zu den Populisten nicht mit einfachen Antworten werben. Aber weder er noch die anwesenden Journalisten sprachen darüber, wie Deutschland aussehen könnte, wenn neue, gute Lösungen für die momentanen Probleme gefunden würden. Die Stimmung im Raum war schwer, die Frage, wofür wir uns eigentlich anstrengen sollen, wohin es gehen kann, blieb bezeichnend unbeantwortet. Ich musste an ein Gespräch mit Mitgliedern der «brand eins»-Redaktion denken und an den Vergleich mit Deutschland in den siebziger Jahren des vergangenen Jahrhunderts. Auch damals hatte das Land viele Schwierigkeiten, aber auch verschiedenste Utopien – Überzeugungen, wie eine gute Zukunft aussehen könnte, über die gestritten wurde. Heute sind wir wieder in einer Zeit großer Herausforderungen. Aber uns fehlen zu oft die Ideen, wie es morgen sein könnte. Allen Krisen gemeinsam ist, dass eine verklärte Vergangenheit auf ein unklares Zukunftsbild trifft. Wir stecken gefühlt im Niemandsland fest und wissen weder zurück noch vorwärts.

Es ist erstaunlich, wie viele Menschen ein neues, positives Bild der Vergangenheit entwickeln. Nostalgie ist in. Von der Wissenschaft bis zum Pop beziehen sich immer Betrachtungen auf das, was war. Die britisch-albanische Sängerin Dua Lipa schrieb 2020 mit *Future Nostalgia* eines der Hit-Alben der Pandemie. Der Wissenschaftler Tobias Becker beschreibt in seinem 2023 erschienenen Buch *Yesterday* sehr unterhaltsam die Geschichte des Begriffs. Der Mediziner Johannes Hofer benannte im späten 17. Jahrhundert mit Heimweh (*nostos*) und Schmerz (*algos*) eine Art pathologisches Heimweh. Heute wird Nostalgie oft als sentimentaler Schmerz über den Verlust der Vergangenheit beschrieben. Teil des öffentlichen Diskurses wurde sie vor allem in der zweiten Hälfte des 20. Jahrhunderts durch das Buch und den Film *Future Shock*. Der Futurist Alvin Toffler definierte im Jahr 1970 einen *future shock* als Krankheit, «ausgelöst durch immer schneller werdende Veränderungen heutzutage». Klingt nach einer passenden Beschreibung für das Seelenleben vieler im Jahr 2024, oder? Überall um uns herum fordern Menschen eine Rückkehr zu alten Tugenden, nennen Politiker Deutschland wieder den kranken Mann Europas. Nostalgie, so schreibt Tobias Becker über Toffler in seinem Buch, beschreibt die Müdigkeit mit der Menge und Schnelligkeit von Veränderungen. Wenn ich auf die momentane Diskussion blicke, lässt sich die Abkehr von der Idee des Fortschritts beschreiben:

Erstens, als Reaktion auf tatsächlich stattfindenden Fortschritt. Weil wir es mit großen Herausforderungen zu tun haben, ist so ziemlich alles in Bewegung. Einige Lösungen verändern merklich etwas, erzielen auch positive Ergebnisse. Das internationale Umweltabkommen, das seit Ende der achtziger Jahre wieder zur Regeneration der Ozonschicht führt, zum Beispiel. Aber Veränderung ist nicht immer lustig, wir Menschen müssen uns mit ihr verändern, unser Verhalten anpassen. Und es gibt auch immer wieder Verlierer. Ein großer Teil der Rufe nach der guten alten Zeit kann deshalb als Reaktion auf vorangetriebene Veränderungen verstanden werden, die unser Leben immer stärker beeinflussen. Antworten auf die Klimakrise, die Energie- und Mobilitätswende, Wandel der Arbeit und Industrie, Unsicherheit in Europa. Nostalgie entsteht hier als Gegenbewegung zu schnellen Veränderungen, selbst wenn sie notwendig sind.

Zweitens, als Zeichen von Überforderung. Gerade in besonders offenen, liberalen Gesellschaften müssen unterschiedliche Meinungen zu Veränderungen immer wieder neu ausgehandelt werden. Egal ob es um das Recht auf Abtreibung, den Wohlfahrtsstaat oder unser Steuersystem geht. Veränderung muss selbst bei den Themen immer wieder neu verhandelt werden, bei denen der Nutzen für Einzelne, die Gesellschaft und den Planeten offensichtlich erscheint. Die offene Gesellschaft ist nicht immer ihr bester eigener Freund.

Drittens, als Reaktion auf neue Herausforderungen. In unserer heutigen Zeit gibt es große, komplexe Herausforderungen, auf die es keine einfachen Antworten gibt. Selbst wenn einen der Klimawandel auf der Skipiste, im vertrockneten Garten oder durch den Wassermangel im Spanienurlaub sprichwörtlich anspringt, verschließen wir bisweilen lieber die Augen oder suchen uns alternative Wahrheiten aus. Die Menge an großen Herausforderungen, die unsere Art zu leben infrage stellen, ist vermutlich entscheidend dafür, dass sich in den Nachkriegsgenerationen viele zurücksehnen nach einem Leben, das einfacher erschien.

Aber heißt das nun, wir können unsere Probleme lösen, wenn wir nur alle mitnehmen in eine Zukunft, in der auch sie ihre Rolle finden? So einfach ist es leider nicht.

Tobias Becker beschreibt in seinem Buch eindringlich, dass wir oft die als Nostalgiker brandmarken, die nur nicht unseren eigenen Fortschrittsgedanken teilen. Und hier liegt ein bisschen die Krux. Denn der Fortschritt steckt in der Krise – und zwar nicht nur aufgrund der Anfeindungen am rechten Rand oder durch reaktionäre Kräfte. Wir wissen oft nicht mehr, welche Art von Fortschritt wir eigentlich wollen oder wollen sollen. Ich arbeite und reise rund um die Welt, auch in Zeiten von und nach Covid. Und ich nehme größer werdende Unterschiede wahr – nicht nur zwischen den auseinanderklaffenden Kontinenten, sondern auch innerhalb von Ländern, zwischen Generationen. Grob lassen sich drei Arten von Fortschrittsgedanken identifizieren:

Der erste hat seinen Ursprung im Fall der Mauer, dem Ende des Kalten Krieges. Damals wurde das Ende der Geschichte gefeiert – jetzt geht es darum, diesen Fortschritt aufrechtzuerhalten und auf der Welt zu verteilen! Ja, wir müssen uns um den Klimawandel kümmern, um den Krieg, die soziale Ungerechtigkeit. Aber wir müssen vor allem unsere existierenden Systeme gesund halten. Wirtschaftswachstum, Rendite an den Börsen, genügend Lehrerinnen in den Schulen, Pflegerinnen in den Krankenhäusern. Kurzfristige Ziele verdrängen oft große disruptive Gedanken. Die schwarze Null ist der Erfolg, den es zu verteidigen gilt. Aber auch überhaupt erst einmal einen Job zu bekommen, der erste in der Familie zu sein, der zur Schule oder Universität geht. Und in vielen Ländern geht es darum, Volkswirtschaften zu kreieren, die zum ersten Mal seit der Unabhängigkeit von Kolonialmächten und nach Jahren der Volatilität eine wachsende Mittelschicht schaffen.

Besonders bei jüngeren Menschen in Europa und zum Teil den USA existieren ganz andere Gedanken zum Fort-

«Wenn du keine saubere Luft zum Atmen hast und kein sauberes Wasser zum Trinken, dann hilft es auch nicht, die Armut zu beseitigen.»

schritt. Fortschritt kann hier *degrowth* bedeuten, die Einführung eines anderen Wirtschaftssystems, die Lokalisierung von Produktionsketten, die Reduzierung der Arbeit auf 80 Prozent oder weniger und die Minimierung des Konsums. Recycling, Kreislaufwirtschaft und Verantwortungseigentum statt Überproduktion und Börsenkrisen. Ein Anfang Zwanzigjähriger sagte mir vor Kurzem: «Ihr lebt, um zu arbeiten, wir arbeiten so viel wie nötig, um zu leben.»

Eine dritte Idee von Fortschritt ist besonders dort zu finden, wo die Probleme vor Ort mit Unternehmertum zusammentreffen. Dann wird klar, dass es vieler Innovationen und Lösungen bedarf, um die massiven Probleme unserer Zeit zu lösen. Und dass dies ohne große Anstrengung, harte Arbeit, Wachstum und Kapital nicht funktionieren wird. Sozialer Fortschritt und Klimakatastrophe können nicht getrennt betrachtet werden. Der Weltbank-Chef Ajay Banga sprach im Jahr seines Amtsantrittes 2023 eindringlich darüber, dass globale Armut und Klimawandel miteinander verflochten sind und nur gemeinsam gelöst werden können: «Wenn du keine saubere Luft zum Atmen hast und kein sauberes Wasser zum Trinken, dann hilft es auch nicht, die Armut zu beseitigen.» Bei dieser Idee von Fortschritt geht es darum, all die neuen Ideen und Erfindungen einzusetzen: Kreislaufwirtschaft, lokale Wirtschaft, globale Plattformen, die Bildung ermöglichen. Aber im System von Wertschöpfung, Kapitalerträgen und Profit.

Und nun? Bleiben wir einfach im Niemandsland stecken? Der Blick zurück bringt uns nicht weiter. Aber solange wir uns nicht einigen können, welche Art Fortschritt wir wollen, so scheint es, kommen wir auch nicht voran. Über die vergangenen zehn Jahre habe ich die Überzeugung entwickelt, dass es nicht die eine Antwort, den einen Ausweg aus dieser Zwickmühle gibt. Keine *Grand Theory.* Sondern eine Zukunft, die auf den vielen kleinen Handlungen von Menschen beruht, die sich befähigt fühlen, mit unserer Zeit positiv umzugehen. Menschen, die eine Reihe von Kompetenzen und Haltungen vereint. Ein hoffnungsvoller Blick in die Zukunft entsteht durch das Anwenden, das Handeln auf der Basis von Fähigkeiten, die uns ermöglichen, mit den Herausforderungen der Zeit umzugehen. Besser noch: In ihr eine positive Rolle zu spielen, für uns selbst und andere.

Um genau diese Fähigkeiten geht es in diesem Buch. Damit wir mitgestalten können. Uns in Probleme verlieben. Geschichten erzählen, die uns helfen, Perspektiven zu wechseln. Uns unsere Unbeschwertheit zu bewahren – und vielleicht sogar in zwei Zeiten zugleich zu leben.

Ohnmacht in Zahlen:

Anteil der Menschen in Deutschland, in Prozent, die im Jahr 2023 angaben,

... sich von den vielfältigen Krisen überfordert zu fühlen: **59**

... angesichts der Entwicklung der Politik und der gesellschaftlichen Stimmung am liebsten auswandern zu wollen: **56**

Rang, den der Begriff «Krisenmodus» auf der Liste der Wörter des Jahres 2023 einnahm: **1**

Anteil der Menschen in Deutschland, die mit Hoffnung auf das neue Jahr blicken, in Prozent,

... Ende 2020: **39**

... Ende 2022: **28**

Anteil der Menschen in Deutschland, die im Jahr 2023 der Meinung sind, dass wir in einer besonders unsicheren Zeit leben, in Prozent: **76**

Anteil der Menschen in Deutschland, in Prozent, die im Jahr 2023 Angst haben vor

... dem Klimawandel: **47**

... unbezahlbarem Wohnraum: **60**

... steigenden Lebenshaltungskosten: **65**

Anteil der Beschäftigten in Deutschland, in Prozent, die Ende 2023 angaben,

… weniger Kraft zu haben als noch vor drei Jahren: **49**

… dass die Vielzahl der Krisen der größte Krafträuber sei: **43**

KAPITEL 1

Weil wir mitgestalten können

Ich sitze irgendwo in China auf einem Kunstledersofa, direkt über mir die Klimaanlage, und verspüre das einzigartige Gefühl, trotz Hitze gleichzeitig zu frieren. Mit mir auf dem Sofa sitzen Arvind Satyam und seine schwangere Frau Rina, beide Ende dreißig. Arvind ist ein Freund. Gemeinsam warten wir auf das nächste Transportmittel. Aus Spaß und weil Arvind immer eloquente Antworten parat hat, frage ich ihn, was er eigentlich mit seinem Leben anstellen will. Und bekomme erst eine längere Pause und dann die emotionale Antwort eines Menschen, der mit sich und seinen Gedanken ringt. In den folgenden dreißig Minuten, in denen wir auf den nächsten Bus warten, lerne ich Arvind neu kennen.

Arvind stammt aus einer Einwanderfamilie und wuchs in Australien auf. Nach dem Studium landete er an der Westküste der USA. Arvind ist auf den ersten Blick sicherlich nicht der klassische Held einer Geschichte über Umweltschutz. Er war eher der Prototyp der klassischen Erfolgsgeschichte von Corporate America und dem Tech-Boom der Westküste. Er stieg 2016 bei einer Telekommunikationsfirma ein, fasziniert von der Schnittstelle von

Was bedeutet es heute, in Kalifornien zu leben, das so reich und doch so sehr den Umweltveränderungen ausgesetzt ist?

Technologie und der physischen Welt. Wie sieht eine Stadt aus in einer Welt, in der in wenigen Jahren 30 Milliarden Geräte mit dem Internet verbunden sind? Wie werden Gebäude in Zukunft funktionieren? All das faszinierte Arvind. Er baute das Internet-der-Dinge-Geschäft für den Konzern auf, investierte und kaufte Start-ups immer mit dem Blick auf neue Herausforderungen und die Frage, wie man Technologie in der physischen Welt anwendet.

Arvind verdiente sehr gutes Geld, hatte ein angenehmes Leben und bekam Anerkennung. So lernte ich ihn auch kennen, dynamisch im Anzug, voller Energie, immer eine elegante Antwort und einen gut gemeinten Witz auf den Lippen. Aber als wir uns bei der gemeinsamen Reise in China besser kennenlernten, fiel mir auf, dass einiges in ihm arbeitete. Fragen wie: Was bedeutet es heute, in Kalifornien zu leben, das so reich und doch so sehr den Umweltveränderungen ausgesetzt ist?

Und dann brannte 2019 seine australische Heimat. Und Menschen, mit denen er aufgewachsen war, waren persönlich betroffen. «Ich sah diese schrecklichen Bilder der am dichtesten besiedelten Region Australiens, die in Flammen steht. Ein Ring aus Feuer, der Menschen und Tiere eingeschlossen hatte. Ich sah, wie Menschen, meine Familie und Freunde, vom Strand aus evakuiert wurden. Sydney, das an giftigen Gasen zu ersticken drohte. Und das Schreckliche: genau das Gleiche war 2017 und 2018 bei uns in San Francisco passiert. Und dann wieder 2020, als die ganze Stadt in eine orange Wolke eingehüllt wurde.»

Ich merkte damals, dass in Arvind die Frage arbeitete, welche Rolle er mit seiner eigenen Geschichte eigentlich spielen will. «Wir leben im Silicon Valley, wo es schon seit Jahren selbstfahrende Autos gibt. Wo Roboter Pizzen liefern. Das ist spannend. Aber wie nutzen wir eigentlich die neuesten Technologien, um existenzielle Probleme, wie die immer häufigeren Brände, zu lösen?» KI und erneuerbare Technologien treiben eine neue Innovationswelle im Valley voran. Und zwar nicht erst seit 2022 das milliardenschwere Investitionspaket Inflation Reduction Act verabschiedet wurde. Aber lösen sie wirklich echte Probleme?

Für Arvind stellte sich damit eine existenzielle Frage: Wo wollte er dazugehören, was sollte ihn ausmachen? Gemeinsam mit Sonia Kastner, der besten Freundin seiner Frau aus Universitätszeiten, nahm er sich zunächst fünf Monate, um das Problem von Waldbränden und den bekannten Lösungsansätzen zu verstehen. Sie sprachen mit Meteorologen der Universität Princeton, einem der renommiertesten Forschungszentren in den USA. Die Forscher zeigten anhand von Analysen der vergangenen zwanzig Jahre, dass der Trend zu immer heißeren Hitzeperioden, extremeren Regenfällen und kälteren Kälteperioden geht. Und sie fragten sich, ob es einen Markt für Lösungen geben könnte oder ob die Idee doch nur ein *science experiment* – ein nettes Forschungsprojekt – war.

2020, Arvind war gerade Vater geworden, kündigte er den komfortablen Konzernjob und gründete sein Start-up. «Ich glaube daran, dass Innovation von Nöten getrieben wird», so erklärt er seine Entscheidung. «Und als ich diese schrecklichen Feuer sah, wusste ich, dass ich etwas tun wollte. Ich schaute auf meinen neugeborenen Sohn und fragte mich, in welcher Welt würde er sonst in zehn Jahren leben?»

Gemeinsam mit Sonia startete Arvind Pano AI. Pano spezialisiert sich auf die Früherkennung von menschengemachten Waldbränden, bisher mit Schwerpunkt Amerika und Australien. Natürliche Waldbrände sind Teil der Natur und nützlich. Sie fügen dem Boden Dünger zu und ermöglichen bestimmten Pflanzen, Tieren und Pilzen das Überleben. Ausgelöst werden sie in der Natur durch Blitzeinschläge, Vulkanausbrüche oder große Trockenheit. Aber in Deutschland haben nur noch 4 Prozent der Waldbrände laut WWF natürliche Ursachen, 96 Prozent sind von Menschen verursacht. Dabei reicht die Ursache von Brandstiftung bis zu alter Munition im Boden. Copernicus, das EU-Satellitensystem, misst die Lichtintensität bei Nacht und verzeichnet seit Jahren immer neue Rekorde der Anzahl und vor allem Größe von Waldbränden rund um die Welt. Auch 2023 war wieder ein Jahr der Rekorde. Copernicus nahm zum Beispiel in Kanada im ersten Halbjahr 705 Prozent mehr Lichtverschmutzung in der Nacht durch Waldbrände wahr als in den vorherigen sechs Jahren. Und auch hier geht der Anstieg auf den Menschen zurück. Dadurch entstehen jedes Jahr neue Rekorde an CO_2-Emissionen. In Kanada haben Waldbrände 2023 mehr als 1,3 Milliarden Tonnen Kohlendioxid verursacht, sechsmal

Ist das Problem, dem
ich mich emotional
so verbunden fühle,
groß genug?

so viel, wie im Durchschnitt der vergangenen zwanzig Jahre. Aber nicht nur unser globaler CO_2-Ausstoß wird massiv von Waldbränden beeinflusst. 84 Prozent der wichtigsten Lebensregionen für vom Aussterben gefährdete Tiere sind von Waldbränden betroffen. Ihr sowieso schon enger Lebensraum wird so noch kleiner.

Arvind und seine Kolleginnen haben eine Technik entwickelt, die die Ausbreitung von Bränden massiv einschränken kann. Sie ist wirksam, aber kompliziert. Dafür bauen sie Infrastruktur – also hochauflösende Kameras, die auf Türme montiert große Flächen Land filmen. Das Videomaterial wird von einer KI in Echtzeit auf Rauch und Feuer gecheckt. Wird ein Feuer identifiziert, löst es den Alarm aus. Dabei kann es viel genauer bestimmen, ob wirklich ein Feuer vorliegt und wo der Herd ist, als Augenzeugen oder ein Anruf bei der Feuerwehr. Die Mischung aus früherer Erkennung und genauerer Anzeige ermöglicht es, das Feuer früher zu bekämpfen. Arvind verbindet auch bei Pano Technologie mit Infrastruktur, AI mit Gruppen von Feuerwehrleuten in Waldgebieten quer durch die USA.

Vor der Gründung von Pano sprachen wir oft über Arvinds Sorgen, über das Risiko für sich und seine Familie. Warum er die Entscheidung letztendlich doch getroffen hat? «Ich glaube, am Schluss ging es um drei Dinge für mich. Erstens, ist das Problem, dem ich mich emotional so verbunden fühle, groß genug? Die Antwort ist ja, ja und ja. Ich habe es in 2017, 2018, 2019 und jedes Jahr wieder beobachtet, und alle Trendlinien werden von Jahr zu Jahr signifikant schlimmer. Zum Zweiten stand die Frage im Raum, ob ich glaubte, einen Unterschied machen zu können. Traute ich uns zu, etwas zu verändern? Da hatte ich riesige Fragezeichen. Aber ich wusste, dass ich neue Technologien verstehe, dass ich Teams aufbauen und sie mit Infrastruktur und Kunden verbinden kann. Ja, wir arbeiten an einem richtig schwierigen Problem. Die Lösung ist nicht einfach, aber wir sind überzeugt, dass es möglich ist, ein Business um die Lösung herum aufzubauen. Die dritte Frage schließlich war: Glaube ich an meine Mitgründerin und mich? Letztlich habe ich zusammen mit meiner Frau entschieden. Wollen wir finanziell abgesichert leben und weiter in einem Konzern arbeiten? Oder wollen wir uns mit einem Problem befassen, von dem wir beide denken, dass es existenziell wichtig ist und dass wir dafür eine Lösung finden?» Arvind und seine Frau gaben Pano zwei Jahre.

Heute schon zeigen sich die vielfältigen Anwendungsmöglichkeiten von Pano. Energiefirmen sind von Waldbränden besonders betroffen. Nicht nur, weil durch Stromleitungen auch mal Feuer entzündet werden, sondern weil wichtige Infrastruktur betroffen ist. Zu den Kunden von Pano gehören aber auch Skiresorts wie Aspen, Vail oder Beaver Creek. Das letzte Skiresort, das einen Waldbrand erleben musste, ist nun seit Jahren geschlossen. Auch Holzfirmen sind mit dabei. Es dauert 30 Jahre, einen Baum wachsen zu lassen, aber er brennt in nur einem Tag ab.

Früherkennung ist ein erster Schritt, um die Folgen eines Feuers zu begrenzen. Als Arvind und ich für dieses Buch telefonierten, wüteten in Texas mehrere Großbrände, bei denen innerhalb einer Woche mehr als 50 000 Hektar Wald verbrannten.

Auch Arvind hat sich übrigens mit Pano verändert. Er ist immer noch ein sehr guter Redner, eloquent, lustig, konkret. Aber wo er früher immer eine polierte Antwort parat hatte, dauert heute eine Antwort schon einmal ein paar Minuten, in denen er sich in den Details verliert. Auch mein Whatsapp-Chat mit Arvind zeigt die Veränderung: Es gibt nur noch zwei Inhalte – Babyfotos seines kürzlich geborenen zweiten Kindes und neue Daten zu Waldbränden.

Welche Fähigkeit ist die wichtigste, um erfolgreich mitgestalten zu können? Nach zwanzig Jahren Beschäftigung mit dieser Frage würde ich sagen: Die Fähigkeit, was man gut kann, von dem man überzeugt ist und was einen mit Begeisterung erfüllt, mit einem Sinn zu verbinden. Dazu gehört, seinen eigenen Antrieb zu hinterfragen und zu kennen: Was gibt mir Sinn, was begeistert mich? Wie verändert sich meine Begeisterung über die Jahre? Hierzu gibt es viele gute Studien aus der positiven Psychologie und Bildungsforschung. Der Begriff Flow beschreibt Aktivitäten, die uns leichtfallen, für die wir gemacht sind. Sie geben uns Energie. Wer in der Lage ist, diese Aktivitäten in den Dienst eines Sinns zu stellen, an den er oder sie wirklich glaubt, kann viel Widerstand aushalten. Flow und

Sinn verändern sich allerdings bei uns allen im Lauf unseres Lebens. Das kann man auch bei Pranav Kothari sehen.

Auf den ersten Blick wäre der Inder Pranav keine gute Werbung für das teure Studium an der Harvard Business School. Nach seinem MBA-Abschluss, so erzählt er mir lachend, habe er eine 90-prozentige Gehaltseinbuße zu seinem vorherigen Gehalt in den USA in Kauf genommen, um 2012 bei Educational Initiatives in Indien anzufangen, einer Technologiefirma für Bildung.

Ich treffe ihn bei einem Hintergrundgespräch in Europa, zehn Stühle in kleiner Runde. Die Bildungsminister von Indien, den Vereinigten Arabischen Emiraten und Südafrika sind im Raum, ebenso wie ein paar CEOs moderner Online-Bildungsanbieter wie Coursera sowie ein Universitätspräsident. Pranav rechnet vor, wie es um die globale Bildungsgerechtigkeit bei Kindern steht: Die USA geben ungefähr 14 000 Dollar pro Jahr und Kind allein für die Grundschulbildung aus, in Europa sind es im Schnitt um die 12 000 Dollar, in Indien um die 300 Dollar, irgendwo in Afrika wahrscheinlich um die 50 Dollar. Rund 250 Millionen Kinder weltweit gehen überhaupt nicht zur Schule. Pranavs Mission: Mit einer auf KI beruhenden Software will seine Firma Kinder für 10 Dollar im Jahr personalisiert in allen Kernfächern unterrichten – Rechnen, Schreiben, Lesen, immer abgestimmt auf den individuellen Lernfortschritt des Kindes. Seit Jahren testet er diese Software – in Eliteschulen ebenso wie in einigen der einkommensschwächsten Gegenden Indiens. Seiner eigenen Erhebung nach lernen die Kinder in den Kontrollgruppen, die die Lernsoftware nutzen, signifikant mehr als die, die ohne Technik lernen.

Während mir Pranav von seiner Reise durch die Bildungswelt Indiens erzählt, wird seine Fähigkeit deutlich, Veränderungen zu erkennen und ihren Einfluss auf unsere Zeit zu verstehen. Das ist dann der Ausgangspunkt für die Frage: Wo mische ich mich ein?

Neue Techniken sind dabei oft entscheidend – denn ob wir es für richtig halten oder nicht: KI wird einen immer stärkeren Einfluss auf unsere Wirklichkeit haben. Und ganz bestimmt auf die unserer Kinder. Die stärkste Ablehnung technischer Neuerungen erlebe ich bei Menschen, die entweder keine Chance auf Teilhabe haben oder die sich aus einem Grund entschieden haben, neue Technik zu ignorieren. Und die auch keine Neugier zeigen oder dieser Neugier zumindest nicht nachgehen. Wer sich dagegen entscheidet, sich zu informieren, scheint nicht nur zufriedener zu sein – er erlangt auch die Kompetenz, sich einzumischen, an Veränderung teilzunehmen. Gerade bei KI fällt es aber vermutlich den meisten von uns schwer, sich ein Bild zu machen. Wie gehen wir vor?

Meredith Whittaker ist Präsidentin der Signal Foundation, sie forscht seit Jahren zu KI und gründete bei Google die Open Research Group. Vor Kurzem sprach ich mit ihr über den KI-Hype, und sie meinte, dass es zurzeit manchmal so wirke, als finde bei KI der nächste große Goldrausch statt. Nachdem Milliarden Dollar in die Entwicklung investiert wurden, müssten nun ganz schnell ganz viele Anwendungsbereiche gefunden werden. Ich erzählte Pranav von meinem Gespräch mit Meredith und auch von den Sorgen vieler Eltern, dass ihre Kinder jetzt zu Versuchskaninchen neuer Technologien würden, während die Insider aus dem Silicon Valley ihre Kinder in Waldschulen schicken und ihnen soziale Medien verbieten.

Pranav hält nichts von solchen Pauschalurteilen, die den Weg zu neuen spannenden Lösungen versperren. Indien, sagt er, ist seit mehr als 75 Jahren unabhängig. Seitdem wurden regelmäßig neue Schulen gebaut, um das Zugangsproblem für Kinder zu lösen. Mittlerweile gibt es in dem Land mit mehr als 1,4 Milliarden Menschen für jedes Kind eine Schule innerhalb einer halben Meile. Es wurde intensiv daran gearbeitet, dass auch Mädchen aller Religionen und Schichten am Unterricht teilnehmen. Und es wurden Lehrer eingestellt – rund neun Millionen gibt es in Indien mittlerweile. Aber Pranav weiß auch: In den öffentlichen Schulen, besonders auf dem Land, ist die Qualität des Unterrichts weiterhin meistens schlecht, während es in den großen Städten viele sehr gute Privatschulen gibt, die ihre Absolventen und Absolventinnen an die Eliteuniversitäten rund um die Welt schicken. «Seit fünfundsiebzig Jahren investiert man und bekommt das Problem trotzdem nicht in den Griff», stellt Pranav fest. «Die Bildungsungerechtigkeit ist dabei riesig.» Im PISA-Test 2009 schloss Indien als zweitletztes Land ab – die Regierung hat sich daraufhin entschlossen, nicht mehr an den PISA-Tests teilzunehmen.

Warum sollte man es also nicht mit moderner Technik versuchen?, fragt Pranav. «Gebt mir fünf Prozent der Schüler und Schülerinnen in Indien, und ich werde zeigen, wie sich bessere Lernerfolge erzielen lassen.» Er zeigt mir eines seiner Leseprogramme für Kinder, und ich probiere es am Abend gleich mit meiner Tochter aus. Das Besondere: Bevor die Kinder eine Geschichte lesen, bauen sie sich diese selbst. Sie suchen sich die Protagonisten aus (bei uns wird es das Nilpferd), was es auszeichnet (es ist bei uns gutmütig und faul) und was ihm heute passiert (es verliert seinen Schlüssel). Das Programm generiert daraus eine Geschichte, die das Kind liest und danach Fragen beantwortet. Gerade Kinder, die nicht gewöhnt sind zu lesen, sind Pranavs Daten zufolge viel engagierter beim Lesen dieser selbst entwickelten Geschichten.

Ich erzählte Pranav, dass die selbst erfundene Geschichte bei uns zu Hause gut ankam. Aber welche Rolle spielt künftig der Lehrer? KI, so eine der aktuell populären Zuschreibungen, soll ja zum großen Teil Menschen nicht ersetzen, sondern ihre Arbeit verbessern – Pranav gibt mir dafür das bisher überzeugendste Bild.

In der achtjährigen Forschungsphase der Firma, erzählt er, habe er sehr schnell herausgefunden, dass Kinder wegen des Lehrpersonals und ihrer Mitschüler in die Schule gehen – ganz sicher nicht wegen einer Lernsoftware. Lehrerinnen und Lehrer spielten die zentrale soziale Rolle.

Welches Kind denkt, dass 2,34 eine größere Zahl ist als 2,7, weil mehr Zahlen nach dem Komma stehen?

Angewandte Technik – also eine erfolgreiche Lernsoftware – kann aber im Bildungssektor Lehrer und Lehrerinnen unterstützen, gleich ob sie mehr oder weniger engagiert sind. So kann die Lernsoftware bei einer weniger engagierten Lehrkraft für Lernerfolge in den Kernfächern sorgen, und diese könne sich dann auf ihre sozialen und kreativen Kompetenzen konzentrieren. Ist das Lehrpersonal technisch versierter, liefert die Software schon bei zeitlich geringer Benutzung spezifische Daten zu jedem Kind, zum Beispiel: Welches Kind denkt, dass 2,34 eine größere Zahl ist als 2,7, weil mehr Zahlen nach dem Komma stehen? Die Lehrerin kann daraufhin gezielt intervenieren, das ist besonders bei großen Klassen hilfreich. So hilft die Software Lehrkräften mit und ohne technischem Verständnis und ermöglicht es ihnen, mehr Wert auf soziale Kompetenzen und Kreativität zu legen.

Pranav ist stolz darauf, dass es positive Testergebnisse mit seiner Software sowohl an Privatschulen wie auch an sozialen Brennpunkten in Indien und Südafrika gab. Und wie verschiedene andere Lernsoftwares, die jetzt KI-unterstützt den Bildungsmarkt verändern, ist auch Pranavs Ansatz an beide Zielgruppen gerichtet, an Lehrer und Schüler. Auf der einen Seite geht es darum, auf den einzelnen Schüler angepasste Aufgaben in den Kernfächern anzubieten, bei denen die KI mitlernt, wo der Schüler steht, und die dann weiterentwickelte Aufgaben anbietet. Auf der anderen Seite soll sie jedem Lehrer eine Analyse des Lernverhaltens jedes einzelnen Schülers zur Verfügung stellen, sodass der Lehrer Stärken und Schwächen besser einschätzen kann.

Also alles gut? Mir ist ein wenig mulmig, denn ich frage mich, was für einen Einfluss Pranavs Software auf das Seelenleben von Kindern hat. Ist er nicht besorgt darüber, dass Kinder zu viel Zeit an Computern oder Handys verbringen? Wie oft werden mittlerweile psychische Probleme bei Kindern und Jugendlichen mit der Dopaminausschüttung, ausgelöst durch immer stärkere Gamification von sozialen Medien und Spielen, in Verbindung gebracht. Pranav hat eine Gegenfrage: Was werde in Zukunft passieren, wenn Kinder im Unterricht keine moderne Technik benutzten? Würde das dazu führen, dass sich die Nutzung von sozialen Medien, Spielen und Konsum verringert? Vermutlich nicht, da waren wir uns einig. Wäre es da nicht sinnvoll, so Pranav, auch Technik für das Lernen einzusetzen und es der nächsten Generation so zu ermöglichen, ein Verständnis für die Vor- und Nachteile zu entwickeln? Nach Pranavs Überzeugung verändert sich unsere Welt, ob wir das wollen oder nicht. Warum sollten wir nicht versuchen, den maximalen positiven Nutzen daraus zu ziehen?

Dabei versucht er, sich dem Problem, das er lösen möchte, so analytisch wie möglich anzunähern. Mich erinnert das an eine umfassende Studie zu den zehn Kernfähigkeiten für die kommenden Jahre: Fast alle sind sogenannte generalistische Fähigkeiten. Fachwissen bleibt in Zeiten großer Veränderung zwar wichtig, ist aber nicht zentral. Stattdessen geht es darum, dass Menschen kreativ sind, Resilienz und Empathie entwickeln, neugierig bleiben, sich selbst und andere motivieren können und sich mit Technik beschäftigen. Ganz oben auf der Liste steht die Fähigkeit, kritisch zu denken. Pranav versucht immer wieder, die moralische Ebene, die Absolutheit von Positionen zu verlassen und auf der Grundlage verschiedener Analysen ganz konkrete Ansätze zu verfolgen, die klar messbar einen Teil des Problems bewältigen.

Da passt es auch, dass er mir sein Kernanliegen in einer Gleichung präsentiert. Pranav setzt sich für die Bildungsgerechtigkeit ein. Für jeden Privatschüler, der seine Software kostenpflichtig benutzt, erzählt er mir, erhalten drei Kinder aus staatlichen Schulen subventionierten Zugang. Im Kern gehe es ihm darum, Bildung für alle zu verbessern, und so die Bell-Kurve, die die Normalverteilung des IQs beschreibt, weiter nach rechts zu schieben – für alle Kinder. «Es ist die Idee einer großen Welle, die alle Boote anhebt. Egal ob es ein kleines oder großes, ob es mit weißen oder braunen Menschen gefüllt ist. Egal ob sie reich oder arm sind. Die Welle hebt alle Boote an. Darum geht es mir bei meiner Arbeit.»

Ich finde Pranavs Arbeit zur Bildungsgerechtigkeit hoch spannend. Aber genauso spannend finde ich, wie er vor mehr als zehn Jahren erkannt hat, dass eine neue Technologie etwas verändern kann. Und wie er sich entschieden hat, sich einzubringen, um mitgestalten zu können. Welche Fähigkeiten er und viele andere in diesem Buch dafür anwenden, welche Lebensentscheidungen sie treffen.

Es geht darum,
zufrieden zu sein mit
dem, was ich ausrichten
kann.

Ich frage ihn, was ihn antreibt und warum er mit seinen tollen Abschlüssen nicht im Investment Banking oder einem seiner anderen vorherigen Management-Jobs geblieben ist? Pranav erzählt mir eine Anekdote von der Harvard Business School. Bei jedem Klassentreffen stelle er fest, dass er das am schlechtesten bezahlte Mitglied seines Jahrgangs ist, alle anderen mit schickeren Autos ankommen und sich in Restaurants treffen, die er sich nicht leisten kann. Und dass jedes Jahr, wenn es dann darum geht, wie das Leben so läuft, er das Gefühl hat, mit Abstand der Zufriedenste, Erfüllteste seiner Freundesgruppe zu sein. Und dass – auch wenn er es nie geplant hatte – seine Mission deshalb seit knapp 13 Jahren Bildung ist.

Ein paar Wochen später telefonieren wir noch einmal, und er erklärt mir seine Zufriedenheit noch einmal genauer. Es gehe ihm nicht darum, selbstlos zu sein. «Es geht nicht darum, dass ich das Gefühl habe, ich rette die Welt und habe das Leben von so und so vielen Menschen verändert – wer kann das wirklich messen? Es geht vielmehr darum, zufrieden zu sein mit dem, was ich ausrichten kann. Und auf mich zu achten. Also welchen Einfluss hat die Arbeit, die ich mache, auf mich: Lädt sie meine Batterien auf? Rational hat meine Wahl vielleicht keinen Sinn ergeben, aber sie macht mir immer wieder Gänsehaut. Sie fühlt sich gut an. Das muss man dann nicht überdenken, oder?»

Genau wie Arvind gestaltet Pranav mit. Beide zeigen Fähigkeiten, die es braucht, um effektiv zu sein. Die Fähigkeiten, in sich hineinzuhören, den eigenen Antrieb, Begeisterung und Sinn zu kennen. Und zu verstehen, dass viele der Erfahrungen, die man schon gesammelt hat, auch anderswo angewandt werden können, vom Internet der Dinge zum Waldschutz, vom Management in die Bildung. Die Basis dafür ist, Veränderungen zu erkennen und kritisch über sie nachzudenken, um dann zu handeln. Dazu braucht es Mut und manchmal auch Verzicht. Mut ist dabei nicht allein eine festgeschriebene Charaktereigenschaft. Die Harvard-Sozialwissenschaftlerin Amy Edmondson forscht seit 15 Jahren, wie Mut am Arbeitsplatz gefördert und gefordert werden kann, in einem Umfeld, das psychologische Sicherheit bietet. Nach Amys Forschung ist Mut auch erlernbar. Aber sowohl bei Arvind wie bei Pranav war es nicht nur der Mut, der sie zum Mitgestalten trieb – beide haben sich, nachdem sie die Notwendigkeit einer Veränderung erkannt und sich näher damit beschäftigt hatten, in das Problem verliebt. Auch das ist wichtig.

Mitgestalten in Zahlen

Zahl der Menschen in Deutschland, die sich ehrenamtlich engagieren: **29 000 000**
Anteil der Menschen ab 65 Jahren, die ein Ehrenamt ausüben, in Prozent,

... im Jahr 1999: **18**
... im Jahr 2019: **31**

Anteil der Menschen in Deutschland, in Prozent,

... die Kraft daraus schöpfen, aktiver Teil einer sozialen Gemeinschaft zu sein: **60**
... die der Aussage zustimmen, dass der Einsatz jedes Einzelnen entscheidend ist, um die gesellschaftlichen Herausforderungen zu stemmen: **73**

Zahl der Genossenschaften (von Energie- bis Wohnungsgenossenschaften) in Deutschland im Jahr 2022: **7069**
Zahl der Menschen in Deutschland, die Mitglied in einer Genossenschaft sind, in Millionen: **23,5**

Anteil der Weltbevölkerung, die das Internet nutzt, in Prozent,

... im Jahr 2010: **29**
... im Jahr 2021: **63**
... im April 2024: **67**

Anteil der Mädchen im entsprechenden Alter weltweit, die die Grundschule abschließen, in Prozent,

... im Jahr 1973: **68**

... im Jahr 2022: **90**

Anteil der Menschen weltweit im Jahr 2023, in Prozent,

... die in einer Demokratie leben: 45

... die es für wichtig halten, dass ihr Land demokratisch ist oder wird: **84**

Zahl der NGOs weltweit

... im Jahr 1951: **832**

... im Jahr 1985: **4676**

... im Jahr 2015: **8976**

KAPITEL 2

Weil wir uns gern in Probleme verlieben

Ich glaube fest daran, dass jeder von uns die Chance hat, mitzugestalten, manchmal im ganz Kleinen, manchmal im Großen. Aber können wir dieses Privileg auch nutzen? Haben wir die Kraft dazu? Viele von uns fühlen sich müde nach den Krisen der vergangenen Jahre. Für Gallups *State of the Global Workplace 2024* wurden 128 278 Beschäftigte in 135 Ländern zu Lebenszufriedenheit, Stresslevel und emotionaler Bindung an den Arbeitsplatz befragt. Danach fühlen sich global nur 23 Prozent der Arbeitnehmerinnen und Arbeitnehmer ihrem Arbeitsplatz emotional verbunden. Europa liegt noch signifikant darunter. Zuversichtlich und zufrieden fühlen sich in Deutschland nur 45 Prozent der Befragten. Damit landet Deutschland selbst in Europa auf dem 20. Platz, seit 2023 ist die Lebenszufriedenheit noch einmal um acht Prozent gesunken, das schaffte sonst nur noch Irland. Nur 15 Prozent der Deutschen sind laut Gallup engagiert bei der Arbeit, dafür erleben 41 Prozent täglich Stress. Ein Freund zeigte mir vor Kurzem eine Infografik, die sehr gut zeigte, was sich verändert hat: Gab es in der Vergangenheit längere Phasen der Veränderung, gefolgt von Stabilität, sind die Abstände heute immer kürzer, es entsteht immer mehr Veränderung und immer weniger Stabilität. Erholungsphasen gibt es kaum noch, und zum immer schnelleren Rhythmus der Veränderung gesellen sich die verschiedenen Krisen der vergangenen Jahre. Aber können all diese Herausforderungen nicht auch eine Chance sein?

Ich laufe in eine große alte Wagenhalle in Stuttgart, einem Veranstaltungsort für Konzerte, zu einer Veranstaltung, die sich anfühlt wie ein Musikfestival. Die Organisation The DO, die ich mit meiner Frau Katherin Kirschenmann 2014 gegründet habe, hat vor einem Jahr das wohl weltweit ambitionierteste Stipendiaten-Programm für junge Umweltunternehmerinnen und Erfinder mit innovativen Ideen unter neunundzwanzig Jahren gestartet. Tausende Stipendiatinnen aus der ganzen Welt werden in den kommenden Jahren mithilfe des Programms ihre grünen Innovationen und Start-ups auf die Straße bringen, dank der außergewöhnlichen Spende einer großen Automobilfirma, die sich selbst mitten in der Transformation befindet und den eigenen Erfindergeist an die nächsten Generationen weitergeben möchte. Nun findet ein erstes Treffen statt, das die Stipendiatinnen aus Europa, Südafrika und Indien zusammenbringt. Und so sitze ich wenig später im Kreis mit einigen der Teilnehmer zwischen 16 und 28 Jahren.

Es wird schnell klar, was alle gemeinsam haben: Sie formulieren ein Problem als Grund ihres Antriebs. Im Englischen spricht man von «falling in love with a problem» – sich in ein Problem verlieben, ganz genau hinschauen wollen. In einer Zeit voller Herausforderungen wird dies immer mehr zu einer Kernkompetenz und zu einem Antrieb für die eigene Energie und Wirkungskraft. Ich lerne hier viel von Menschen, die jünger als ich sind. Zum einen gehören sie zur ersten Generation, für die sichtbare Klimaveränderungen seit ihrer Kindheit Normalität sind. Zum anderen kommen viele von ihnen aus schwierigen sozialen Verhältnissen. Ihre unternehmerischen Projekte haben alle mit diesen Realitäten zu tun. In einer Zeit, in der wir uns oft in virtuelle Welten zurückziehen, schauen sie ganz genau hin. Die Probleme ihrer Zeit treiben sie an. Dies gilt sicherlich nicht für alle jungen Menschen, bei keiner Generation gilt etwas für alle. Was sich aber generalisieren lässt, ist die Erkenntnis, dass Menschen, die heute erfolgreich sind, aus Problemen Kraft schöpfen können. Uri Levine, ein Start-up-Unternehmer, der es geschafft hat, zwei Firmen mit aufzubauen, die eine Unternehmensbewertung von über einer Milliarde Dollar erreichen, zwei Unicorns, spricht sogar davon, dass die Fähigkeit, sich in ein Problem zu verlieben, die zentrale Kompetenz von Unternehmensgründerinnen und -gründern ist. Aber was heißt das eigentlich genau, und wie soll das gehen?

Eine erste Fähigkeit, die uns beim Verlieben hilft, ist die der Auswahl. Es hilft ungemein, sich eines Problems anzunehmen, bei dem man einen unfairen Vorteil hat, ein besonderes Verständnis, oft sogar persönlich davon betroffen ist. Ich schaue zu Ntobeko Mafu aus Südafrika hinüber. Die junge Unternehmerin präsentiert ihr Geflügel-Business Madame Clucks A Lot einer Gruppe von Investoren. Aber sie beginnt ihren Vortrag auf der Bühne nicht mit ihrem Geschäftsmodell oder der Frage, wie ihre Hühner aufwachsen. Sie beginnt mit den Auswirkungen, die Hunger und ungesundes Essen in Townships rund um die Welt auf die Bevölkerung haben. Hunger, Kriminalität, häusliche Gewalt. Ntobeko sagt, ich weiß, wovon ich spreche: «Ich war mal die, die hungrig war, mein Bruder war der Einbrecher, mein Vater der, der häusliche Gewalt ausgeübt hat.» Alles als Folge von Hunger, sagt sie. Mittlerweile bietet Ntobekos Firma Hühner aus Freilandhaltung und Gemüse zu fairen Preisen für über 3000 Familien in Townships an und versucht nun Gelder für die Skalierung zu sichern.

Es geht auch oft darum, eine Herausforderung spezifisch genug beschreiben zu können. Ich höre dem jungen Maximilian Lehmann aus Deutschland zu, der mit Freunden Fainin gegründet hat, eine Plattform zum sicheren und vertrauenswürdigen Ausleihen und Teilen aller Arten von Produkten. Für Maximilian begann seine Reise, als ihm klar wurde, dass wir 80 Prozent der Dinge, die wir besitzen, selbst im Studentenalter nicht mehr als einmal pro Monat nutzen. Warum braucht jeder von uns eine Campingausrüstung, Handwerkszeug und Party-Equipment? Mitglieder von Fainin leihen sich gegenseitig alle Arten von Gegenständen und verdienen beziehungsweise sparen

Geld, vermindern ihren CO_2-Fußabdruck. Oft allerdings scheitern Geschäftsideen der Sharing Economy an der Unzuverlässigkeit von uns Kunden. Ich habe schon öfter mit Automobilfirmen darüber gesprochen, welche immensen Kosten bei den Car-Sharing-Services für die Säuberung der Autos aufgewandt werden müssen, weil wir mit ausgeliehenen Dingen selten gut umgehen. Maximilian versucht, auch dafür eine Lösung zu finden. Zum einen durch einen Verifizierungsprozess, zum anderen durch die Zusammenarbeit mit einer Versicherung. Schon mehr als zehntausend Benutzerinnen und Benutzer verzeichnet die Plattform. Ob es aber gelingt, das Thema Vertrauen zu skalieren, bleibt abzuwarten, sagt Maximilian.

Sich erfolgreich in ein Problem zu verlieben, bedeutet auch, mit Niederlagen umgehen zu können. Das gelingt am besten, wenn man nicht allein ist, sondern Mitspieler, Unterstützer und Förderer hat. Ganz nahe bei sich im Team. Das erzählt auch Marta Sokołowska-Słuszniak. Ursprünglich war sie eine Fashion-Bloggerin, die Design liebt. Doch dann fand die Polin heraus, dass ihr Heimatland der Textil-Mülleimer Europas ist. Die Zahlen sind ernüchternd: Global werden von 92 Millionen Tonnen abgelegter Kleidungsstücke pro Jahr weniger als ein Prozent recycled. Deshalb hat sie Reco Fibre gestartet. Marta suchte dafür explizit nach Mitstreitern, die ganz andere Erfahrungen hatten als sie, und gewann ein paar Ingenieure, die sich seit Längerem mit verschiedenen Recyclingmethoden beschäftigten, als Mitgründer. Der Markt für neue Lösungen

Oft hilft es, sich einem Problem mit einer gesunden Naivität anzunähern.

ist riesig, allein in Afrika versinken ganze Landstriche unter Bergen von Altkleidern. Doch eines der Probleme ist, dass bisher für Textilrecycling Stoffe in kleine Stücke geschnitten werden und die Fasern danach zu kurz sind, um wieder für die Stoffproduktion genutzt werden zu können. Sie können nur noch gedowncycled, also für weniger komplexe Prozesse recycled werden. Marta und ihren Kolleginnen und Kollegen sind entschlossen, einen Prozess zu entwickeln, mit dem zumindest Naturstoffe – Baumwolle, Wolle, Leinen – wieder zu langen Fasern aufbereitet werden können, um so eine echte Kreislaufwirtschaft in der Mode für bestimmte Stoffe zu ermöglichen. Die Fashion-Bloggerin und ihre Mitgründer sprechen heute am liebsten über den Entwicklungsprozess ihrer ersten selbst geplanten Maschine – Fashiontrends lassen sie kalt.

Oft hilft es, sich einem Problem mit einer gesunden Naivität anzunähern. Nicht gleich alles lösen zu wollen und sich damit zu überfordern. Sondern einfach an einer Stelle zu beginnen und Stück für Stück in das Problem hineinzuwachsen. Sarvesh Prabhu ist achtzehn. Er erklärt mir, was kommerzielle Insektenschutzmittel in Indien, besonders bei der Landbevölkerung, anrichten. Er hat mit Freunden eine ökologische Alternative erfunden. Weil Kerala, der Bundesstaat, aus dem er stammt und der auch aufgrund seiner einmaligen Natur «Gottes eigenes Land» genannt wird, massiv unter den Folgen von Pestiziden leidet. Und weil die Krebszahlen und Geburtsdefekte in den Familien, besonders bei Kleinstbauern, zu den höchsten der

Welt gehören. Ausgelöst wurden sie durch das Pestizid Endosulfan, das wegen nachgewiesener Gesundheitsfolgen 2011 weltweit mit einem Herstellungs- und Anwendungsverbot belegt wurde. Doch die Schädlinge blieben, und so wurden weiter Pestizide – alte und neue – in der Region eingesetzt. Der Bösewicht, wie Sarvesh ihn nennt, heißt *Spodoptera frugiperda* und ist ein kleiner Falter, dessen Larven jährlich einen Schaden von Milliarden von Dollar etwa in den Mais- und Hirsefeldern verursachen. Sarvesh lacht und sagt: «Man muss schon ein bisschen verrückt sein, um seine Teenagerjahre im Labor zu verbringen, um nach neuen ökologischen Pflanzenschutzmitteln zu forschen. Aber verrückt auf eine gute Weise.» Sarvesh ist überzeugt, dass sein aus einer lokalen Pflanze entwickeltes Schutzmittel ähnlich gut vor der Larve schützt wie chemische Pestizide, einfach zu produzieren ist und die Bodenfruchtbarkeit erhält.

Während ich den vier Gründerinnen und Gründern zuhöre, wie sie sich über die Probleme, die sie lösen wollen, austauschen, muss ich an einen Satz denken, den mir die Kuratorin einer Ausstellung über Plastik im Vitra Design Museum gesagt hat: «Die Lösungen von heute sind oft die Probleme von morgen.» Erstmals 1862 als bahnbrechende Weltneuheit auf der Londoner Weltausstellung präsentiert, hat Kunststoff in den 1950ern viele Bereiche des modernen Lebens revolutioniert. Die Medizin zum Beispiel durch Spritzen, bakterienfreie Verpackungen, die moderne, hygienische Klinik. Heute ist Plastikmüll auf dem

Land und in den Ozeanen eines der großen globalen Probleme. Das anzuerkennen heißt Fortschritt anzuerkennen. Und es heißt gleichzeitig, dass es eine der wichtigsten Fähigkeiten in der heutigen Zeit ist, flexibel zu bleiben.

Fällt das jungen Menschen vielleicht leichter? Haben sie die nötige Energie, immer wieder neue Ansätze auszuprobieren, während wir Älteren müde werden? Ich muss an Jessica Jackson denken, deren Geschichte das Gegenteil belegt.

Ich erinnere mich noch an eines meiner ersten Gespräche mit ihr. Wir waren in den Bergen, es schneite heftig. Ich stapfte in Jeans und Wollpulli mit dicken Stiefeln durch die Gegend, auch Jessica trug Winterstiefel, hatte aber hohe Designerpumps in ihrer Handtasche, die sie anzog, sobald wir ein Haus betraten, und die perfekt zum Röhrenrock passten. Wer sie heute googelt, findet als Erstes über sie heraus, dass sie die Tutorin von Kim Kardashian ist und sie für eine engagierte und kluge Jurastudentin hält, daneben das Foto einer attraktiven Blondine mit Kindern zwischen vielen anderen Celebritys. Doch Jessicas langer, harter Blick auf eines der großen Probleme der USA startete ganz woanders – in einem Gerichtssaal in Georgia. Jessica war 22, hatte ein zwei Monate altes Baby auf dem Arm, keinen Schulabschluss und musste zusehen, wie ihr Mann wegen seiner Drogenabhängigkeit zu sechs Jahren Haft verurteilt wurde.

Jessica erzählt mir, wie es sich anfühlte, dem Gefängnissystem ausgesetzt zu sein. Einundzwanzig Dollar für jeden

«Ich hatte damals überhaupt keine Ahnung, wie schwierig der Weg werden würde, ich bin einfach losgegangen.»

Telefonanruf zu bezahlen, die Tochter nicht einfach so mit zu ihrem Vater mitnehmen zu können, der in Haft saß, anstatt einen Drogenentzug zu machen. «Ich hatte so viel Scham in mir und habe niemandem erzählt, dass er im Gefängnis ist. Meinen Freunden erzählte ich, mit einem Elektriker in Georgia verheiratet zu sein.» Schlimmer noch war es jedoch, dem Gefängnissystem ausgeliefert zu sein: «Du darfst deinen Mann nicht umarmen, dein Kind im Gefängnis nicht stillen. Du schaust um dich und siehst, wie Familien um dich herum zerstört werden. Alles in dem Wissen, dass er eigentlich in einen Drogenentzug gehört.» Jessica war am Boden und kehrte zu ihrer Mutter zurück, die sie fragte, was sie nun tun werde. Ohne darüber nachzudenken, antwortete Jessica: «Ich werde Strafverteidigerin und helfe Familien wie meiner.» Sie wollte sich nicht länger machtlos fühlen. Jessica ging zurück auf die Schulbank, aufs College, und studierte danach Jura.

«Ich hatte damals überhaupt keine Ahnung, wie schwierig der Weg werden würde, ich bin einfach losgegangen.» Um ihre Tochter und sich selbst finanziell über Wasser zu halten, arbeitete Jessica neben dem Jurastudium mit zum Tode verurteilten Häftlingen, wodurch sich ihr Blick auf das Gefängnissystem in den USA noch einmal schärfte. Nach ihrem Abschluss entschied sie sich gegen einen Anwaltsjob beim Staat und startete stattdessen mit Van Jones, einem bekannten US-Anwalt und TV-Moderator, die Kampagne #cut50, die sich für eine Justizreform einsetzte.

Das Gefängnissystem in den USA ist hochproblematisch. «In den USA leben etwas mehr als vier Prozent der Weltbevölkerung, aber 25 Prozent aller Gefängnisinsassen», sagt Jessica. «Das liegt vor allem daran, dass es keine funktionierenden Sozialdienste gibt. Unsere Polizei hat nur ein Werkzeug, um mit ganz unterschiedlichen Problemen umzugehen. Abhängigkeit von illegalen Drogen führt zu Gefängnis. Wenn du aufgrund einer psychischen Krankheit eine Straftat begehst, kommst du ins Gefängnis. Wenn Menschen ein Verbrechen aus Armut begehen, kommen sie ins Gefängnis. Statt Hilfe gibt es Handschellen. Wir versuchen nicht, Jobs zu schaffen. Wir schließen die Menschen ein und hoffen, dass sie nach Jahren in einem Käfig auf magische Art und Weise gesund und stabil nach Hause kommen und eine Arbeit finden.»

Das Besondere an #cut50 war, dass die Kampagne versuchte, beide politischen Lager mit einzubinden, um eine Reform möglich zu machen – egal, ob es darum ging, Gefängnisinsassen früher aus dem Vollzug in die Rehabilitation zu bringen, oder darum, durchzusetzen, dass schwangere Häftlinge nicht mehr an Händen und Füßen angekettet werden dürfen, was in 14 Staaten immer noch der Fall war. So wurde Jessica nach und nach zu einer erfolgreichen Aktivistin und engagierte sich politisch. In ihrer kleinen Heimatstadt Mill Valley in Kalifornien wurde sie zur jüngsten Stadträtin und später Bürgermeisterin gewählt.

Jessica war fokussiert auf das Problem – und dennoch in der Lage, Brücken zu bauen. Das gelingt in den USA nicht vielen. Sie arbeitete zuerst mit der Regierung von Barack Obama am Entwurf einer Gesetzesreform. Und als Donald Trump ins Weiße Haus kam, auch mit ihm. Warum? Weil sie sich von nichts und niemandem von ihrem Ziel abbringen lassen wollte. Sie fuhr immer wieder nach Washington, um mit dem Mitarbeiterstab von Obama an einem Gesetz zu arbeiten. Und nach der Vereidigung von Donald Trump warb sie dafür, dass das Gesetz trotzdem umgesetzt wird. Am Ende stand sie neben Trump beim Fototermin im Oval Office, was ihr trotz des Erfolges viel Kritik eintrug. Doch das daraus resultierende Gesetzespaket First Step Act, das 2018 verabschiedet wurde, nannte die New York Times «die größte Justizreform seit einer Generation». Es verbesserte die Prozesse und bekämpfte vor allem das Problem von langen Gefängnisstrafen bei wiederholten Vergehen. Laut dem National Institute on Drug Abuse sind rund 85 Prozent aller Gefängnisinsassen in den USA wegen Drogendelikten verurteilt oder selbst drogenabhängig. Gerade bei Abhängigen sind wiederholte Verurteilungen gang und gäbe.

«Beim Verlieben in das Gefängnisproblem hat mir sicherlich meine Resilienz geholfen», sagt Jessica. «Und eine gesunde Portion Naivität. Ich wusste nicht, wie schwierig alles werden würde. Hätte mir das am Anfang jemand gesagt, hätte ich mir wahrscheinlich ein anderes Betätigungsfeld gesucht. Aber ich hatte glücklicherweise tolle Unterstützung aus der Familie. Und – das klingt vielleicht komisch – die richtige Balance zwischen zu viel Wut und genug Wut, um daraus Kraft zu ziehen. Ich war persönlich betroffen, das gab mir Kraft. Und ich lernte Stückchen für Stückchen mehr darüber, was sonst noch alles schieflief, und fokussierte mich dann mehr und mehr von den einzelnen Familien auf das System.» Oft begegneten ihr Menschen, die sich engagieren wollten, sich vertieften – und für die dann alles auf einmal betrachtet überwältigend sei. «Sie denken sich schnell: Was kann eine Person da schon ausrichten? Wenn ich so darüber nachdenke, ist das für mich wahrscheinlich das größte Problem an Social Media. Anstatt sich Stück für Stück in ein Problem einzuarbeiten, wird man visuell mit etwas konfrontiert, das riesig erscheint. Und zwar jeden Tag, mehrmals am Tag. Da kann man sich schnell hoffnungslos fühlen, anstatt motiviert etwas verändern zu wollen.»

Ihre Reise führte von den betroffenen Familien, zu den zu Unrecht zum Tode verurteilten Insassen, zu der politischen Arbeit an besseren Gesetzen – und sie setzte sich auf der persönlichen Ebene fort. Ihre erste Ehe hatte das Gefängnis nicht überlebt. Aber als ihr Ex-Mann nach drei Jahren aus der Haft entlassen wurde, suchte er sich in der Nähe eine Wohnung und Arbeit. Er nahm aktiv an der Betreuung der mittlerweile dreijährigen Tochter teil. Eines Tages wurde er wegen eines kaputten Rücklichts angehalten und zu 60 Tagen Gefängnis verurteilt. Die Polizei behauptete, er hätte gegen Bewährungsauflagen verstoßen, was sich als Computerfehler entpuppte. Bis seine Familie bei einem Richter Einspruch eingelegt hatte und er wieder freikam, hatte er seine Arbeit verloren und seine Miete nicht gezahlt.

So wie Jessicas Ex-Mann geht es Millionen Menschen in den USA. Auch deshalb hat sich Jessica mit Jay-Z, Meek Mill, Michael Rubin und anderen Künstlern, Stifterinnen und Aktivisten zusammengetan, um eine weitere Organisation zu gründen, die Reform Alliance, die das Bewährungssystem in den USA verändern möchte. Deren CEO Robert Rooks sagt: «Bewährung heute ist eine Einbahnstraße zurück ins Gefängnis – dabei sollte es ein Weg zu Arbeit, Rechtschaffenheit und Gesundheit sein.» Je mehr man von Jessicas Weg kennenlernt, desto mehr zeigt sich, wie sie ihr Thema immer weiter ausbaut, wie sie juristische Erkenntnisse mit persönlichen Erfahrungen verbindet, immer wieder Brücken baut und so eine Wirkung erzielt, die sie sich als 22-Jährige nie hätte erträumen können.

«Ja, das ist beim Zurückblicken eigentlich lustig. Dass ich beim Aufbau zweier Organisationen mitgewirkt und all die verschiedenen Kampagnen mit losgetreten habe, ob in Iowa oder Indiana. Das liegt daran, dass ich irgendwann realisiert habe, dass unser Gefängnissystem ein gesamtgesellschaftliches Problem ist, dass aber verschiedene Zielgruppe auf verschiedene Geschichten reagieren. Bei #cut50 ging es darum, sowohl Demokraten wie Republikaner mitzunehmen, Bürger wie Politiker, um zu zeigen, dass es Gemeinsamkeiten bei diesem Thema gibt. Bei Reform Alliance geht es um eine andere Zielgruppe. Um Musikerinnen, Celebritys, Sportler. Also Menschen mit viel Aufmerksamkeit, die das Thema mitnehmen können und viel mehr Menschen erreichen als nur ich. Das war auch von Anfang an meine Intention: Mit verschiedenen Organisationen verschiedene Gruppierungen zu erreichen, die alle wichtig sind, damit wir eine Verbesserung erwirken.»

Ich muss an Arvind denken, der mir erzählt hatte, dass er mit seiner Waldfeuerbekämpfungs-Firma Pano in der Zukunft auch bei Überschwemmungen und Erdrutschen eine Rolle spielen möchte. Und dass er die Technologie rund um die Erde zugänglich machen will. Dafür brauchen Arvind und seine Mitgründerin Sonia nicht nur viele private Kunden, sondern auch öffentliche Partner. Und dabei hilft, dass Pano genauso viele Kunden in konservativen Staaten der USA hat, wie in denen, die von Demokraten regiert werden.

«Wir haben uns von Anfang an entschieden, kein Klimaaktivist zu werden, sondern eine Firma, die Lösungen bietet, um sich besser an das Klima anzupassen. Wir zeigen die Fakten, wie sich Waldbrände in den vergangenen 20 Jahren entwickelt haben und wo wir mit unserer Technologie bei der Anpassung helfen können.» Wie wir über unsere Arbeit sprechen, hat in der heutigen Zeit einen riesigen Einfluss auf unseren Erfolg.

Jessica ist da noch direkter, als ich mit ihr über das Buch spreche: «Schreib darüber, dass die Welt für kein Jahr die gleiche bleibt. Das habe ich in den vergangenen zwanzig Jahren gelernt. Du brauchst verschiedene Stimmen, um

Du brauchst verschie-
dene Stimmen, um
verschiedene Menschen
zu erreichen.

verschiedene Menschen zu erreichen. Und die Menschen, die für dein Problem entscheidend sind, bleiben auch nicht unbedingt die gleichen. Deshalb musst du besonders zwei Fähigkeiten mitbringen: Sei flexibel und erzähle Geschichten, die die Menschen erreichen.»

Bilha kennt die Macht von Geschichten.

Problemlösung in Zahlen

Anteil der Menschen in Deutschland, in Prozent, die zu den wichtigsten politischen Problemen zählen

... den Zustand des Gesundheitssystems: **67**

... den Zustand des Bildungswesens: **66**

... die soziale Gerechtigkeit: **59**

... Datenschutz: **28**

Durchschnittliche Punktzahl, die 15-jährige Schülerinnen und Schüler beim PISA-Test für die Kompetenz des gemeinsamen Problemlösens erzielten,

... im OECD-Durchschnitt: **500**

... in Deutschland: **525**

... in Singapur: **561**

Jahr, in dem

... zwei Chemiker auf die Schädigung der Ozonschicht durch Fluorchlorkohlenwasserstoffe (FCKW) hinwiesen: **1974**

... britische Forscher das Ozonloch entdeckten: **1985**

... 46 Staaten mit dem Montrealer Protokoll das erste multilaterale verbindliche Umweltabkommen der Geschichte unterschrieben, das den Einsatz von FCKW schrittweise verbot: **1987**

Anteil der Firmenchefs und -chefinnen, die angeben, trotz zahlreicher Herausforderungen zuversichtlich in die Fähigkeit ihrer Organisationen zu sein, auf Probleme reagieren zu können, in Prozent: **70**

Anteil der Weltbevölkerung, die von weniger als 2,15 Dollar pro Tag lebt, in Prozent,

… im Jahr 1984: **41**

… im Jahr 2022: **9**

Zahl der Patentanmeldungen weltweit im Jahr 2022: **3 500 000**

… davon aus China: **1 600 000**

… davon aus den USA: **600 000**

… davon aus Deutschland: **57 000**

Summe der angekündigten Investitionen der US-Privatwirtschaft in grüne Energie und Fertigung seit dem Amtsantritt von Joe Biden im Jahr 2021, in Milliarden Dollar: **866**

Zahl der neuen Jobs durch den Inflation Reduction Act (IRA), der Wirtschaft und Klimaschutz fördern soll,

… in den 18 Monaten seit der Verabschiedung im August 2022: **>270 000**

… bis 2030 (prognostiziert): **1 500 000**

KAPITEL 3

Weil wir überraschende Geschichten erzählen

Geschichtenerzählen ist unsere Superpower, sagt der Historiker und Bestsellerautor Yuval Noah Harari. «Wir sind die einzige Spezies, die Sprache nicht nur dazu benutzt, um die Dinge zu beschreiben, die wir sehen, schmecken oder berühren können, sondern die auch Geschichten erfinden können über Dinge, die es gar nicht gibt.» Für Harari war die Entwicklung der Fähigkeit, Geschichten erzählen zu können, vor 70 000 Jahren der entscheidende Schritt, damit sich der Homo sapiens auf der Welt ausbreiten konnte und bald das mächtigste aller Tiere wurde. Denn: «Die Macht von Geschichten ist, dass sie Menschen dazu bringt, zusammen zu arbeiten und zu kooperieren.»

Wir wissen heute, dass die Geschichten, die wir uns über die Welt erzählen, uns helfen zu kooperieren, und dass sie unseren Blick auf eine Situation und unser Verhalten beeinflussen. Und während es vielen Menschen im Moment schwerfällt, positive Geschichten über die Zukunft zu erzählen, gibt es gleichzeitig andere, die auf sehr effektive Art und Weise Geschichten erzählen, die unsere Perspektive auf ein Thema, ein Problem verändern. Sie schenken uns einen neuen Blick auf ein Problem, von dem wir dachten, dass wir es bereits kennen. Aus diesem Grund geht es mir in diesem Kapitel auch nicht um die Techniken des guten Geschichtenerzählens, sondern vielmehr um die Fähigkeiten, die wir brauchen, um Probleme neu zu betrachten, anders zu verstehen. Und daraus Geschichten zu formen, die Perspektiven verändern, für uns selbst und andere.

Bilha Ndirangu schaut mich an und sagt: «Afrika könnte die Klimakatastrophe eigentlich aussitzen. Wir sind für rund vier Prozent der globalen Emissionen verantwortlich und leiden sowieso schon überproportional unter deren Folgen.» Kenia, das Land, in dem die technologieaffine Bilha lebt, kommt gerade aus der schlimmsten Dürreperiode der vergangenen Jahrzehnte, eine Dürreperiode, die fünf lange Jahre dauerte.

Wir beide sitzen in tiefen Sesseln und unterhalten uns über 2024 und wie wir beide einem Jahr voller Krisen Sinn geben wollen. Bilha Ndirangu leitete für eine Weile die African Leadership Academy, eine der ambitioniertesten Institutionen des Kontinents, um junge afrikanische Talente so auszubilden, dass sie die Zukunft Afrikas vorantreiben. Für sie selbst ist der Klimawandel die größte Herausforderung unserer Generation. Wir unterhalten uns über die Kritik an zu viel Nachhaltigkeit. Über Firmen, die ambitionierte Ziele zurückziehen müssen, weil aktivistische Investoren kurzfristige Renditen priorisieren. Über die Müdigkeit an dem Thema allgemein in vielen Teilen der Welt, wenn es um ambitionierte grüne Wirtschaftstransformation geht. Und schließlich über den angeblichen Konflikt zwischen grünen und sozialen Anliegen. Bilha sagt, dass wir eigentlich schon viel weiter und erfolgreicher in der grünen Transformation sein könnten, es aber de facto nicht sind. Wir hinken bei allen Zielen hinterher. Was dazu führt, dass dann natürlich immer wieder darüber gestritten wird, wer für die Folgen und die Klimaanpassungen aufkommen muss. Wer am Schluss dafür bezahlt. Und dass die Verursacher beim Klimawandel nicht den schlimmsten Preis bezahlen, sondern die armen Länder Afrikas, die sowieso schon extreme Wetterlagen aushalten müssen und nicht die finanziellen Ressourcen haben, die Folgen der Klimakrise abzumildern.

Ich erinnere mich an ein Gespräch vor ein paar Monaten mit dem CEO einer südafrikanischen Bank in Dubai. Wir sprachen über neue ESG-Regularien und wie er damit umgeht. Er erzählte mir, dass seine Bank in verschiedenen kleineren afrikanischen Ländern Infrastrukturprojekte finanziert und dass er jetzt einige davon gestoppt hat. Kredite für neue Kohlekraftwerke werden gekündigt. Er sagt, de facto bremst er somit die voranschreitende Industrialisierung armer Länder aus. Denn er muss auf sein Rating achten. Was ist also die Alternative, frage ich Bilha. Soll Afrika einfach die wirtschaftliche Entwicklung so gut wie möglich vorantreiben – und die großen Verschmutzer müssen sich um die Folgen ihres Handelns selbst kümmern?

«Ganz im Gegenteil», antwortet Bilha, «wir müssen die Story ändern und der Welt eine andere Geschichte von Afrika verständlich machen.» Afrika ist wahrscheinlich der beste Ort auf der Welt, um Lösungen für viele der Probleme zu entwickeln und voranzutreiben, die der Klimawandel mit sich bringt. Für eine lange Zeit porträtiert die Welt, vor allem die ehemaligen Kolonialmächte, Afrika als das arme Opfer. Bilha fragt mich, wie oft ich an Gesprächen zu Investitionen in Technologie und Investitionen in erneuerbare Energien teilnehme, bei denen Afrika eine Rolle spiele. Selten antworte ich. Genau, sagt Bilha. Deshalb müssen wir die Art ändern, wie wir über Afrika sprechen. Sodass die Welt versteht, dass Afrika der ideale Ort für eine grüne Wirtschaft ist. «Meiner Meinung nach wird Afrika bei den Innovationen ganz vorn sein, die helfen, Wirtschaft grün zu machen.» Das liege am Zugang zu erneuerbarer Energie, an der Menge junger Talente auf dem Kontinent und an der Tatsache, dass es keine Altlasten gibt. Wer Bilhas Geschichte folgt, findet dafür schnell kleine und große Indizien. Die EU feierte zum Beispiel 2022 groß das Verbot von Plastiktüten – in Kenia, Bilhas Heimatland, wurde dieses Gesetz schon 2017 verabschiedet.

Bilha hat die Fähigkeit, gesellschaftliche Realitäten, die alle mit dem Klimawandel in Afrika zu tun haben, auf neue Art zu denken. Sie ist so überzeugt von der Chance Afrikas, dass sie aus diesem Grund eine gemeinnützige Organisation gegründet hat: Jacob's Ladder Africa. Ziel von Bilha und ihren Mitgründern und Mitgründerinnen ist es, bis 2033 dreißig Millionen Jobs in der grünen Wirtschaft Afrikas zu schaffen. Über Ländergrenzen, Gruppierungen und politische Richtungen hinweg. Wie sie das schaffen will? Indem sie das Narrativ verändert, Politikern und jungen Menschen die Chancen aufzeigt. Dafür publiziert Jacob's Ladder Forschungsergebnisse zu Chancen und Gaps in der grünen Wirtschaft. Zu Fähigkeiten der Zukunft und welche Ausbildungswege die größten Chancen mit sich bringen. Bilha entwickelt und fördert Lehrpläne, die die benötigten Fähigkeiten ausbilden.

Jede Firma macht sich heute Gedanken, wie sie Emissionen in der Produktion verringern kann, um gesetzliche Ziele zu erreichen. «Dann sollten diese globalen Firmen mal darüber nachdenken, in Afrika produzieren zu lassen», sagt Bilha. «Die Emissionen sind minimal. Kenias Stromerzeugung basiert heute schon zu 93 Prozent auf erneuerbaren Energien, die Zahl soll bis 2030 auf 100 Prozent hochgehen. Anstatt Fabriken und Infrastruktur teuer umrüsten zu lassen, gibt es in Afrika die Chance, gleich besser und günstiger anzufangen.» Sie ist überzeugt, dass es in den nächsten Jahren und Jahrzehnten eine starke Bewegung in Richtung Afrika geben wird, denn dort lässt es sich klimafreundlicher produzieren als sonst irgendwo auf der Welt.

Dazu trägt auch bei, dass Afrika im Gegensatz zu vielen alternden Gesellschaften die Menge an Talenten, an Motivation und Durchhaltevermögen hat, um neue Lösungen umzusetzen. Für Bilha lassen sich die zwei großen Heraus-

Es wäre absurd, die schmutzige Technik aus dem Westen zu importieren, um dann in zwanzig Jahren alles wieder umzubauen.

forderungen gemeinsam lösen: die Klimakrise und die dramatisch hohe Jugendarbeitslosigkeit. Die Umwelt und das Soziale. «Auf eine Weise ist es ein großer Vorteil, dass wir so lange so unterentwickelt waren. Denn jetzt können wir von Tag eins für eine grüne Zukunft bauen. Egal welche Job-Profile entwickelt werden, sie werden grün sein.» Techniker werden im Solarbereich arbeiten, Buchhalterinnen müssen grüne Auflagen verstehen, Ingenieure werden für den E-Mobilitätsbereich ausgebildet.

Es wäre absurd, sagt Bilha, jetzt Entwicklungspolitik zu machen, die schmutzige Technik aus dem Westen importiert, um dann in zwanzig Jahren alles wieder umzubauen. Afrika wird der erste Kontinent sein, der ab sofort Entwicklung grün umsetzt – es müssen nur genügend Menschen diese Geschichte teilen und erzählen.

Ich habe in den vergangenen Jahren Erfahrung damit gesammelt, aus Bewegungen Organisationen zu bestimmten Themen zu bauen, die meist mit Geschichten anfangen. Das klappt am ehesten, wenn es gelingt, emotionale Geschichten – positiv oder negativ – mit Möglichkeiten zur Teilhabe zu kombinieren. Auch Bilha sagt, dass Forschung, Bildung und Lobbyismus nicht ausreichen: «In meiner Erfahrung braucht es immer ein, zwei mutige Innovatoren, die Dinge vorantreiben, von denen die meisten denken, dass sie nicht möglich sind. Um zu zeigen, was machbar ist.» Genau aus diesem Grund verbringt Bilha mittlerweile die meiste Zeit mit ihrem Start-up Great Carbon Valley. Die Gründung möchte ein Unicorn in der

Kohlenstoffabscheidung und -speicherung werden. Also einer Technik, mit der CO_2 unterirdisch gespeichert wird und nicht in die Atmosphäre gelangt. Das CO_2 wird dabei dort eingefangen, wo es entsteht, zum Beispiel bei der Energieerzeugung. Die meisten Menschen seien überrascht, wenn sie erzählt, dass sie in Kenia eine Technologie vorantreibt, die überall auf der Welt noch in den Kinderschuhen steckt. Und genau deshalb tut sie es. Warum sollte die nächste Generation bahnbrechender Erfindungen nur aus dem Silicon Valley oder China kommen? Noch denken zu wenige Deutsche bei Innovation an Afrika. Aber Bilhas Firma hat mittlerweile einflussreiche Investoren für sich gewonnen. Noch wichtiger sei, sagt sie, und es klingt wie ein Mantra: Wir haben die Energie, die Talente und den Raum, um Infrastruktur neu und effizient zu gestalten. Deshalb wird Afrika bei der grünen Wirtschaft ganz vorne sein.

Seit den Zeiten Michel Foucaults und der Postmoderne streiten Intellektuelle und Akademiker darüber, ob es wirklich objektives Wissen gibt. Großen Konsens gibt es mittlerweile, dass unsere Einschätzung einer Situation viel mit unserer jeweiligen Perspektive zu tun hat. Und die ist niemals wirklich objektiv. Sie ist von unseren sozialen, wirtschaftlichen und politischen Erfahrungen geprägt. Und nachdem unsere Perspektive immer vom Kontext beeinflusst ist, kann sie sich auch ändern. Genauer gesagt: gute Geschichten helfen uns, unsere Perspektive zu verändern. Sie helfen uns, Emotionen mit Handlungen zu verbinden. Und oft sind sie der Anfang einer neuen Anstrengung. So wie bei Jane.

Ich treffe Jane seit zehn Jahren überall auf der Welt. Wenn sie lächelt, geht sprichwörtlich die Sonne auf. Ihre Begeisterung ist immer ansteckend, genauso wie ihr Tanzstil. Gemeinsam mit Freunden haben wir schon die Nächte in einem halben Dutzend Ländern durchgetanzt. Kurzum, Jane ist nicht die Person, an die ich bei einer leitenden Bürokratin der englischen Regierung denke. Doch Jane Burston leitete einige Jahre die Abteilung für Energie und Umwelt des National Physical Laboratory. Nach einer internen Reorganisation kam auch der Bereich Luftqualität und Luftverschmutzung in ihren Verantwortungsbereich. Und nachdem Jane viel Zeit damit verbracht hatte, Vorträge zu halten, fiel ihr 2013 etwas auf, was sie für bahnbrechend hielt: Klimawandel und Luftqualität haben zum großen Teil die gleichen Ursachen, allerdings erzeugen sie ziemlich unterschiedliche Reaktionen bei Zuhörern. Wenn man versucht, die Öffentlichkeit mit Klimawandel-Argumenten zu überzeugen, erreicht man nur eine Minderheit. Wenn man jedoch mit Luftqualität und der Gesundheit der Öffentlichkeit argumentiert, hört ein viel größerer Teil der Gesellschaft zu.

«Oft gehen Klimawandel und Luftverschmutzung Hand in Hand. Wie bei schwarzem Kohlenstoff, dem Ruß, zum Beispiel. Ruß ist gesundheitsschädigend und heizt die Atmosphäre auf.» Die schlimmste Gefährdung für die Gesundheit entsteht zur selben Zeit wie Treibhausgase und resultiert aus dem Verbrennen fossiler Brennstoffe. Tatsächlich entstehen zwei Drittel der Luftverschmutzung durch fossile Brennstoffe.

«Das war damals ein riesiger Aha-Effekt für mich. Dass beides zusammengehört. Und dass die meisten Politiker und Politikerinnen nur die Klima-Argumente anführten und so oft nicht erfolgreich waren. Dass es deshalb wichtig ist, die Folgen für die menschliche Gesundheit genauso wissenschaftlich zu erklären wie den Klimawandel.» Besonders in Zeiten von wirtschaftlichen Krisen und Sparprogrammen sei das relevant: Gesundheitliche Vorteile bedeuteten auch wirtschaftliche Vorteile – für die Kosten des Gesundheitssystems, für die Produktivität der Arbeitenden. «Was mir damals klar wurde, ist, dass ich eine andere Sprache sprechen musste. Eine Sprache, die die anspricht, die gegen Kinderasthma kämpfen oder die in den Städten ihre Kinder gesund aufwachsen sehen wollen. Ich entschied mich, mein Leben ziemlich radikal zu verändern. Ich verließ meinen sicheren Regierungsjob im Institut und startete den Clean Air Fund.» Heute, zehn Jahre nach Janes Heureka-Moment ist der Clean Air Fund eine der einflussreichsten Stiftungen im Sektor, die gemeinsam mit Regierungen, Firmen und Stiftern Projekte für bessere Luftqualität vorantreibt.

Zur selben Zeit, als Jane die Wichtigkeit von Luftverschmutzung erkannte, passierte in London noch etwas anderes. Es wurde eine der vielleicht folgenreichsten Todesanzeigen geschrieben. Sie betrauerte Ella Adoo-Kissi-

Debrah, die 2013 mit nur neun Jahren starb. Ellas Mutter zog vor Gericht und erwirkte 2020 endlich, dass Ella nicht an den Folgen von Asthma, sondern an verschmutzter Luft gestorben war. Als offiziell erster Mensch der Welt. Eine internationale Studie zu den Folgen von Luftverschmutzung stellte im Herbst 2023 fest, dass pro Jahr mehr als fünf Millionen Menschen an den Folgen schlechter Luft sterben.

Ich spreche mit Jane darüber, dass ich viel Zeit in Asien verbringe. Und dass dort zu jedem Wetterbericht der größten Städte der Region auch ein Bericht zur Luftqualität gehört. Das Thema ist aufgrund der oft gefährlich schlechten Luftqualität allgegenwärtig. Jane erklärt mir die Zahlen: Der größte Luftverschmutzer ist der Energiesektor, gefolgt von Mobilität und Schwerindustrie. In ärmeren Regionen kommt noch das Verbrennen von Müll und Agrarflächen dazu. Aufgrund der Schwere des Problems steigt nun auch endlich die Finanzierung von Gegenmaßnahmen. Bisher wurden laut dem Clean Air Fund nicht einmal ein Prozent der globalen Entwicklungshilfe für Projekte im Bereich Luftqualität aufgewendet. 87 Prozent davon in Asien. China selbst hat viel investiert und gilt in Asien oft als Vorbild.

Ich frage Jane, wie sie auf die Entwicklung der vergangenen zehn Jahre schaut, und sie ist überraschend positiv. «Wir sehen massiven Fortschritt. Ich gebe dir ein Beispiel. Polen hat seit Jahren mit schlechter Luftqualität zu kämpfen. Die Regionalregierung, zu der auch die Hauptstadt

Warschau gehört, hat 2023 Kohle als Heizmittel verboten. Und zwar obwohl Polen nach Deutschland der zweitgrößte Produzent von Kohle in der EU ist. Und obwohl gerade Krieg in der Ukraine herrscht und Energie dabei eine wichtige Rolle spielt. Die Regionalregierung hat auch hoch verschmutzende Autos aus den Städten verbannt. Solche Gesetze wären nie allein aufgrund der Daten zum Klimawandel verabschiedet worden. Und sie sind nur ein Beispiel für den großen Fortschritt, den wir rund um die Welt sehen.» Jane erklärt mir, dass das wohl wichtigste Instrumentarium für mehr Luftqualität die von einer Regierung zugelassenen Luftwerte sind. «Die USA haben gerade die Grenzwerte für Feinstaubbelastung in der Außenluft von 12 Gramm pro Kubikmeter auf 9 heruntergestuft.» Das klingt vielleicht nach nicht viel, aber solche Arten von Gesetzgebung haben massiven Einfluss auf Wirtschaft und Innovation.

Bilha und Jane verbindet, dass sie einen Perspektivenwechsel für sich und viele andere vollzogen haben. Ihre Lebensentscheidungen wirken nicht nur bei mir nach, weil beide ihren Narrativen folgend mutig handeln. Bilha mit ihrem Clean Tech Venture. Jane mit dem Clean Air Fund, der Gelder und Wissen zur Verfügung stellt, um die Luftverschmutzung zu bekämpfen. Wer heute überraschende Geschichten erzählen will, muss nicht nur eine gute Kommunikatorin sein. Ebenso wichtig ist es, einen neuen Blickpunkt aufzumachen und selbst Handlungsräume aufzuzeigen.

Mit den Gedanken noch bei Jane, treffe ich mich in Skandinavien mit einer Gruppe von CEOs. Mit dabei ist Nigel Topping, der ehemalige High-Level Climate Action Champion der britischen Regierung für die UN-Klimakonferenz COP und nun Begleiter verschiedener NGOs im Klimabereich. Bei der COP-21-Konferenz in Paris wurde entschieden, dass es jeweils zwei High-Level Climate Action Champions geben soll, die die Arbeit der Regierungen mit den vielen Initiativen von Städten, Regionen, Firmen und Investoren koordinieren. Nigel war einer der beiden ersten Champions, die den Prozess für alle folgenden entwickelten. Deshalb beschäftigt er sich auch seit Jahren mit der Rolle der Wirtschaft in der Dekarbonisierung, er war maßgeblich an der heute empfohlenen wissenschaftlichen Zielsetzung beteiligt, anhand derer Firmen ihre CO_2-Reduktionen planen. Er zeigt uns eine Präsentation mit vielen Daten, die eine ganz andere Sprache sprechen als das, was wir zurzeit hauptsächlich in unseren Zeitungen lesen. Nämlich dass grüne Technologien sehr wohl am Markt funktionieren und exponentiell auf dem Vormarsch sind – egal ob man grüne Energie, Elektroautos oder Batterien insgesamt betrachtet. Dass es Länder wie Dänemark, Chile oder Namibia gibt, deren Wirtschaft schon heute vor den von der Regierung ausgegebenen Klimazielen liegt. Von Kosten, die im Solarbereich rapide schnell sinken, und einem 35-prozentigen Wachstum des Elektroauto-Umsatzes im wirtschaftlich schwierigen Jahr 2023. Nigel spricht auch sehr deutlich darüber, dass es diese Nachrichten oft nicht an die Öffentlichkeit schafften und dass viele Studien, die wir in den Medien zu sehen bekämen, von der einen oder anderen Lobbyvereinigung finanziert würden. In der daraufhin folgenden Diskussion fiel der Satz, dass die Medien nur aufnähmen, was alarmiert. «If it bleeds, it leads», nennt ein Teilnehmer das.

Genau darüber spreche ich immer wieder mit einem der führenden Digitalisierungsexperten im Mediengeschäft in Berlin. Er ist einer der Treiber digitaler Geschäftsmodelle – und er hat mittlerweile wenig Positives über die sozialen Medien zu sagen, wenn es um die Frage geht, wie wir Informationen und Geschichten konsumieren. Die Inhalte, die Geschichten, die wir täglich hören, sind durch den Algorithmus immer persönlicher auf unsere Interessen und Präferenzen zugeschnitten. Statt mit Perspektivwechsel konfrontiert, werden wir ständig in unseren existierenden Meinungen bestärkt.

Medien kämpfen heute immer stärker um Aufmerksamkeit, um ihre von Anzeigen gestützten Geschäftsmodelle aufrechtzuerhalten. Aufmerksamkeit erregt man am besten dadurch, Wut oder Angst zu erzeugen. Aber sind das die Emotionen, die uns heute helfen, mit den Krisen unserer Zeit umzugehen und Zukunft zu gestalten? Zurück in der Runde mit Nigel diskutieren wir darüber, warum die eine oder andere Seite lügt. Eine der CEOs in der Runde steht auf und sagt, diese Sichtweise helfe uns nicht weiter. Um Wirtschaft und Gesellschaft weiter erfolgreich zu verändern, müssten wir vom «die» verursachen das, zu einem «wir» kommen. Wir müssten gemeinsam neue Lösungen vorantreiben. Aber wie schaffen wir solch ein Wir-Gefühl in Zeiten immer weiter steigender Polarisierung?

Ich habe oft erlebt, wie herausfordernd es ist, Resilienz, Empathie und psychologische Sicherheit bei Teams zu fördern und die Kollaboration zu stärken. Und ich arbeite immer wieder mit Experten daran, neue Ansätze zu entwickeln, die uns dabei helfen, uns auch in Gegenpositionen hineinzuversetzen. Die beste Antwort aber bekam ich von Scilla Elworthy, einer 81-jährigen Freundin und dreifach für den Friedensnobelpreis nominierten Friedensaktivistin. Ich diskutierte mit ihr die Frage, welche Fähigkeiten wir heute brauchen, um mit so viel Unsicherheit und auch Not umzugehen. «Die Antwort», sagte sie, «liegt in gezielter Unbeschwertheit.»

Weltbilder in Zahlen

Fahrgeschwindigkeit einer Eisenbahn, bei der Experten im 19. Jahrhundert mit Hirnschädigungen rechneten, in Kilometern pro Stunde: **>30**
Fahrgeschwindigkeit des derzeit schnellsten Zuges weltweit, der japanischen Magnetschwebebahn Shinkansen L0, in Kilometern pro Stunde: **603**
Jahr, in dem der Shinkansen L0 in Betrieb genommen werden soll: **2027**

Jahrhundert, in dem Aristoteles bereits von einer kugelförmigen Erde ausging: **4. v. Chr.**
Jahrhundert, in dem der katholische Heilige Augustinus öffentlich bekannte, die Erde sei eine Kugel: **4. n. Chr.**
Jahr, in dem zehn Prozent der Amerikanerinnen und Amerikaner angaben, die Erde sei flach: **2010**

Größe der Mittelschicht auf dem afrikanischen Kontinent, in Millionen,
… im Jahr 1980: **126**
… im Jahr 2010: **326**

Wachstum des Bruttoinlandsprodukts im Jahr 2022, in Prozent,
… in der Europäischen Union: **3**
… in Ruanda: **8**

Bruttoinlandsprodukt pro Kopf im Jahr 2022, in Dollar,

… des EU-Beitrittskandidaten Georgien: **6700**

… des afrikanischen Staats Botswana: **7700**

Investitionen in fossile Brennstoffe im Jahr 2023, in Billionen Dollar: 1,1

Anstieg gegenüber dem Vorjahr, in Prozent: **5**

Investitionen in umweltfreundliche Energien weltweit im Jahr 2023, in Billionen Dollar: **1,7**

Anstieg gegenüber dem Vorjahr, in Prozent: **8**

Kosten einer Photovoltaik-Anlage in Deutschland, die jährlich durchschnittlich rund 5000 Kilowattstunden Strom erzeugt, was dem Strombedarf eines Einfamilienhauses entspricht, in Euro,

… im Jahr 2006: **30 000**

… im Jahr 2023: **6000**

Wachstum der weltweiten Stromkapazitäten aus erneuerbaren Energien im Jahr 2023, in Prozent: **50**

Anteil der Stromerzeugung weltweit aus erneuerbaren Energien, in Prozent,

… im Jahr 2023: **30**

… im Jahr 2028 (prognostiziert): **42**

Anteil der weltweiten Zuwächse an erneuerbaren Energien bis 2028, die auf China entfallen, in Prozent (prognostiziert): **60**

Anteil der Menschen in der EU, die angeben, glücklich mit ihrem Leben zu sein, in Prozent: **57**
Anteil der Menschen in Lateinamerika, die angeben, glücklich mit ihrem Leben zu sein, in Prozent: **79**
Anteil der Menschen in Afrika, die angeben, glücklich mit ihrem Leben zu sein, in Prozent: **86**

KAPITEL 4

Weil wir unbeschwert sein können

Wer hätte gedacht, dass die wütenden, alten starken Männer noch einmal so ein prominentes Revival auf der Bühne der Weltpolitik haben? Die geopolitischen Krisen, Ängste und Tragödien führen auf allen Ebenen zu neuen Zerwürfnissen. Bei den direkt vom Krieg Betroffenen, bei uns im Alltag, in der Politik. Angst und Wut erscheinen so groß, dass die Gesprächskultur auf eine so tiefe Ebene rutscht, dass eine befreundete Politikerin das gesamte Mittagessen bei uns im Freundeskreis am Samstag braucht, um sich von den persönlichen Angriffen der Woche zu erholen. Und wir sprechen nicht vom Duell mit Donald Trump, sondern von einer Debatte im ehemals beschaulichen Deutschen Bundestag. Politikerinnen aller Parteien werden mittlerweile nicht mehr nur verbal, sondern vielerorts physisch angegriffen. Anzeichen dafür, wie angespannt unsere Gesellschaft momentan ist, findet man aber nicht nur in der Politik wieder. Auf vielen Ebenen ist der Ton ruppiger geworden, klingt der Zynismus in Debatten nach. In den Medien oft, weil sich damit in einer Industrie unter Druck immer noch am besten Geld verdienen lässt. Auf der Straße, weil sich die Fronten weiter verhärten.

Oft ist die Aggression im Alltag ein Symptom großer Unsicherheit, die viele Menschen im Moment spüren. Wir wissen, dass unsere Schicksale in einer globalisierten Welt miteinander verbunden sind. Das Aufflammen von gewaltsamen Protesten an Universitäten als Folge des Nahostkonfliktes oder die Schicksale der Ukrainerinnen, die in vielen deutschen Gemeinden ein neues Zuhause gefunden haben, sind nur zwei Beispiele. Die gesamte Migration nach Europa ist eine der großen politischen Herausforderungen unserer Zeit. Wie gehen wir also mit dieser Situation um? Welche Fähigkeiten helfen uns, die zunehmende Aggression zu verarbeiten und die eigene Unsicherheit zu meistern? Die Antwort von Menschen, die sich seit vielen Jahren mit Konfliktsituationen beschäftigen, mag überraschen.

In einer Diskussionsrunde von Vorstandsvorsitzenden zu den Erwartungen an das Jahr 2024, an der ich zu Beginn des Jahres teilnahm, wurde unter anderen auch der ehemalige Unilever-CEO Paul Polman gefragt, was wir in diesem Jahr an Kompetenzen brauchen werden. «Es wird ein schwieriges Jahr werden», sagte er, «deshalb braucht es vor allem eins: Kindness, Freundlichkeit.» Freundlichkeit im Umgang miteinander und mit uns selbst. Die Wissenschaft stimmt ihm zu. Und Manager sind in einer hybriden, durch Homeoffice geprägten Welt mit immer neuen Konflikten nur erfolgreich, wenn sie in der Lage sind, empathisch auf Ihre Mitarbeiterinnen und Mitarbeiter zu achten. Psychologische Sicherheit und emotionale Stabilität vermitteln und eine Verbindung zu einer Firma oder Gemeinschaft schaffen – das macht gute Führung in Zeiten großer Unsicherheit aus.

Aber lassen sich die Erkenntnisse aus der Arbeitswelt auch auf unser sonstiges Leben übertragen, in einer Zeit, in der die Bedrohungen größer zu werden scheinen? Um das herauszufinden, treffe ich mich mit einem bekannten Aktivisten mit viel Lebenserfahrung. Er wird mir aufzeigen, welche Rolle die Freundlichkeit in Gruppen spielt. Und warum es in unserem reinen Eigeninteresse ist, die Fähigkeit zu schulen, uns selbst und andere zu lieben.

Ich gehe in ein Café in der Innenstadt von Amsterdam mit Blick auf Grachten und Boote. Es ist kurz vor sieben Uhr morgens, und ich habe mich mit Satish Kumar zum Frühstücken verabredet. Satish ist bereits da und spricht lächelnd mit einem anderen Gast. In den zehn Jahren, in denen ich ihn kenne, hat sich der heute 88-Jährige nur unmerklich verändert. Klein und schmal, trägt er wie immer eine dunkle Kurta, ein rotbraunes traditionelles Leinenhemd, und hat einen kleinen Leinenbeutel bei sich. Als ich erfahre, dass wir beide für eine Veranstaltung in Amsterdam eingeladen worden sind, will ich unbedingt mit ihm darüber sprechen, wie er über die vergangenen Jahre denkt. Auch wenn er etwas fragiler geworden ist, umarmt er mich zur Begrüßung. Und springt dann ohne Umschweife direkt in unser Gespräch.

Satish sieht nichts grundsätzlich Neues an unserer Zeit. «Kriege waren immer Teil unserer Geschichte, genau wie Friedensbewegungen. Und zur Zeit des Kalten Krieges sprachen Wissenschaftler wie Bertrand Russell immer davon, dass es kurz vor zwölf war, kurz vor der nuklearen Apokalypse.» Die Geschichte der Menschheit sei voller Konflikte und Herausforderungen. Aber auch voller positiver Taten. Die Frage sei immer, wie wir selbst damit umgehen. Satish spricht aus Erfahrung, sein eigenes Leben erzählt sich wie ein Hollywoodfilm.

Satish wird 1936 im ländlichen Indien geboren. Er wächst ohne Elektrizität, Radio, Fernsehen, Telefon und Auto als eines von vielen Kindern auf. Sein Vater stirbt früh, und obwohl er liebevoll von seiner Mutter erzählt, entscheidet er sich mit neun Jahren, seine Familie zu verlassen, um als Anhänger der Jain-Religion ein Leben als Bettelmönch zu führen, abgewandt von der Welt. Mit achtzehn tritt er aus dem Mönchsorden wieder aus, inspiriert von einem heimlich gelesenen Buchs Mahatma Gandhis und mit dem Ziel, sich als Aktivist für den Weltfrieden einzusetzen. Bekannt wird Satish 1962, als er sich entschließt, mit einem Freund zu Fuß gemeinsam um die Welt zu gehen, von der Hauptstadt der einen Nuklearmacht zur nächsten, um gegen den Einsatz von Atombomben zu demonstrieren. Seine Reise beginnt er, indem er durch das damals erst gerade unabhängig gewordene Pakistan geht, das noch immer mit Indien verfeindet ist. Dort beginnt er, der Inder, seine dreijährige Reise auf dem

Wenn es keine Probleme gäbe, hätten wir auch keine Chance, kreativ zu sein.

Weg nach Moskau, London, Paris und Washington ohne einen Cent in der Tasche.

Später, bei einem Besuch in Großbritannien, verliebt sich Satish. Er gründet eine Familie, wird Herausgeber der Zeitschrift *Resurgence & Ecologist*, Mitgründer einer Universität, dem Schumacher College, das auf dem Glaubenssatz «Small is beautiful» beruht und bei dem es um Nachhaltigkeit, Landwirtschaft und die Kernidee einer neuen lokalen Wirtschaft geht. In Amsterdam sprechen der 88-Jährige und ich bei der jährlichen Wirtschaftskonferenz der Benefit Corporations, einem Zusammenschluss von Firmen, die einen Stakeholder-Value-Ansatz verfolgen, also Wert für Shareholder, aber genauso für Mitarbeiterinnen, Zulieferer, Produzenten schaffen wollen. Zertifiziert sind viele mittelständische Firmen, aber auch Nespresso und Unilevers Ben & Jerry's. Satish hat bei der Konferenz Rockstar-Status. Beim Frühstück sprechen wir über unser jüngstes Zusammentreffen in Südafrika, bei dem er einen seiner ehemaligen Schüler in einer sehr schönen Zeremonie vermählte. Satish lacht, als er mir erzählt, dass er seinen Studenten bei der Graduierung immer rate, nach Problemen Ausschau zu halten. «Es ist das Design des Universums, uns Probleme und Lösungen zu geben. Wenn es keine Probleme gäbe, hätten wir auch keine Chance, kreativ zu sein. Kreativität entsteht durch Herausforderungen. Deshalb sage ich immer, heiße Probleme, heiße Herausforderungen willkommen. Das macht dich resilient, stark und gibt dir die Chance, neue kreative Lösungen zu finden.»

Für Satish gibt es dabei eine Kernkompetenz, die wir zur Meisterschaft bringen sollten. Sie geht über Freundlichkeit hinaus, es geht um die Fähigkeit zu lieben. «Viele verstehen unter Liebe nur die romantische oder erotische Liebe, ich meine aber etwas Grundsätzlicheres. Liebe bedeutet Beziehung – und nichts in der Welt kann ohne Beziehung zu anderem existieren. Kein Atom, Proton oder Elektron existiert allein. Wenn sich eine Frau und ein Mann treffen, kann ein Kind entstehen. Immer wenn sich Dinge begegnen, entsteht etwas Neues. Liebe ist kein Ideal, es ist die Basis aller Beziehungen, die Basis unserer Realität. Und ohne diese Liebe können wir nicht existieren, denn wir brauchen Beziehungen, von Geburt an.» Für Satish stehen wir Menschen immer in Beziehung – zur Natur, zu anderen. Liebe ist die Kernfähigkeit, die diese Beziehungen lenkt. Und für Satish beginnt sie mit der Liebe zu uns selbst.

Angst hält uns laut Satish zu oft davon ab, ein erfülltes, produktives Leben zu führen. Und als Humanist und Schüler Gandhis ist er von den Möglichkeiten jedes Menschen überzeugt. Der Weg dorthin: «Du musst als Erstes deine Angst überwinden. Dafür musst du dich selbst kennenlernen und so akzeptieren, wie du bist. Und dir zugestehen, dass du ein einmaliges Potenzial hast. Erst wenn du dich selbst liebst, kannst du andere lieben. Und anfangen, dich zu verändern, weiterzuentwickeln, wenn du das möchtest.»

Ich muss an ein Gespräch mit der Friedensaktivistin

Scilla Elworthy denken. Vor dem Hintergrund der neuen Kriege sprach ich mit ihr über ihre jahrzehntelange Erfahrung in der Konfliktlösung und bei Verhandlungen. Sie erzählt mir, sie habe oft beobachtet, dass Aggression vor allem für die Person selbst ein großer Nachteil sei. Und dass jene Menschen in Konfliktsituationen im Vorteil seien, die Selbstkenntnis als Fähigkeit trainiert haben. «Egal ob das Meditation, Introspektion oder sogar Yoga ist. Das kann man lernen und muss es üben. Und wenn man es für sich selbst praktiziert, erlangt man dadurch auch die Fähigkeit, Menschen, mit denen wir nicht einer Meinung sind, anders wahrzunehmen. Zu verstehen, was sie antreibt, was ihr Schmerz ist.» Scilla nennt das, unbeschwert und damit erfolgreicher mit Konflikten umgehen zu können.

Für viele von uns mögen Satishs Überzeugungen und seine Sprache weit weg erscheinen. Zu philosophisch oder gar esoterisch. Aber er erklärt mir in unserem Gespräch, dass das Praktizieren von Liebe eine ganz pragmatische Ursache hat und auch rational – er nennt das: «linke Gehirnhälfte» – in unserem Eigeninteresse liegt. Wut beeinflusse uns selbst negativ, während Liebe uns die Möglichkeit gebe, zufrieden und handlungsfähig zu sein.

Satish beschreibt, dass es immer negative Einflüsse um uns herum geben werde. Dass wir das akzeptieren müssen und dass genau deshalb Selbstkenntnis so wichtig ist. Und dass wir uns keinen Gefallen tun, wenn wir uns aus Wut für eine gute Sache einsetzten. «Du musst dich ehrlich fragen, ob deine Wut und Empörung gut für dich sind. Wenn du in dich hineinhörst, wirst du merken, dass die Wut, die dich anfeuert, dich ausbrennen wird. Egal ob es ein, zwei oder mehrere Jahre dauert, du landest im Burn-out. Wut verändert nicht die Welt, sie verändert nur dich, macht dich traurig und nimmt dir langfristig Energie. Deshalb ist es so wichtig, die Selbstkenntnis zu haben und zu verstehen, wann und warum man von Wut oder Angst angetrieben wird, und sich zu fragen: Wie geht es mir, wenn ich fertig bin?» Denn verändern können wir nicht die anderen, nur uns selbst. «Wenn ich die ganze Zeit wütend und traurig und ängstlich bin, wie kann ich dann von anderen Menschen erwarten, dass es ihnen nicht genauso geht? Im Kern geht es immer darum, den Wandel, den man in der Welt sehen möchte, selber zu verkörpern.»

Ohne die richtige innere Haltung kann es für Satish kein richtiges Handeln geben. «Besonders jungen Menschen sage ich immer: Sei eine glückliche Aktivistin, keine traurige. Was meine ich damit? Im Moment sind so viele junge Umweltaktivisten ausgebrannt und nicht glücklich. Ich habe einige getroffen, die sich das Leben nehmen wollten. Ich bin seit 70 Jahren ein Umweltaktivist. Nicht weil ich gegen korrupte Ölfirmen bin oder die Banden, die den Amazonas abholzen, hasse. Sondern weil ich es liebe, in der Natur zu sein. Einen klaren Fluss mit Fischen zu sehen. Im Garten zu graben, mein eigenes Essen anzubauen und zu ernten. Die Jahreszeiten an mir vorbeistreichen zu sehen. Aus der radikalen Liebe zur Natur bin ich Aktivist.»

«Ich glaube, jede und jeder hat die Kraft, die Welt positiv zu verändern, wenn sie aus Liebe handeln.»

Satishs Rat zur Polarisierung in unserer Gesellschaft ist ziemlich eindeutig: Sich nicht darauf einzulassen. Denn wenn man aus Wut Partei ergreife, handele man hauptsächlich gegen die eigene Person, gegen sich selbst. Und werde langfristig nicht erfolgreich sein. Effektiv werde man, wenn man sich dem Diskurs von Wut, Angst und Schuld der anderen entziehe und sein Handeln darauf ausrichte, was man in der Welt sehen wolle.

«Ich meine damit überhaupt nicht, dass man sich ins Privatleben verabschieden sollte. Sein Familienglück leben und sich raushalten. Das meine ich ganz und gar nicht. Sondern dass man sich aus Liebe für eine Sache einmischt. Die größten Aktivisten haben das gemacht. Martin Luther King, Nelson Mandela, Mutter Teresa, Václav Havel, den ich gut kannte. Alle hatten eine positive Vision, handelten aus Liebe. Ich glaube, jede und jeder hat die Kraft, die Welt positiv zu verändern, wenn sie aus Liebe handeln.»

Ich frage Satish, wer denn entscheidet, ob die Liebe für eine Sache gut oder schlecht sei. Wie so oft an diesem Morgen lacht er wieder und antwortet, das sei nicht immer ganz einfach. Aber am Schluss gehe es um die Maxime, anderen keinen Schaden zuzufügen, mit dem, was dich antreibt, dich begeistert. Und er denke auch, dass wir vielleicht ein Majority Mindset brauchen, also ein Gefühl, was die Mehrheit der Menschen umtreibt. «Die Mehrheit der acht Milliarden Menschen führt keinen Krieg. Sie leben ihr Leben, ziehen ihre Kinder groß, pflanzen an, essen, arbeiten. Vielleicht wollen uns einige den Eindruck vermitteln, als wäre die Mehrheit im Konflikt miteinander, aber ich sehe das nicht.»

Ich muss wieder an mein letztes Gespräch mit Scilla denken. Sie hatte mir von einer Extremsituation jener Weltanschauung erzählt, die Satish vertritt. Es ging um zwei Männer, ein Israeli, ein Palästinenser. Sie hießen Rami Elhanan und Bassam Aramin und fanden aus einem bitteren Grund zusammen: Beide waren Väter von Töchtern, beide verloren ihre Tochter im Konflikt. Ramis Tochter wurde 1997 mit 14 Jahren bei einem Anschlag durch einen palästinensischen Attentäter in Jerusalem ermordet. Bassams Tochter starb 2007, als sie in der Schulpause zum Süßigkeitenladen ging und von einem israelischen Soldaten erschossen wurde. Die beiden Männer sind mittlerweile über die Grenzen der Region hinaus bekannt und besonders in der momentanen Lage hochgefragt. Der irische Schriftsteller Colum McCann hat ihnen ein wunderbares Buch gewidmet, das Apeirogon heißt. Denn die beiden Männer verbindet eine kämpferische Vergangenheit. Bassam saß als Jugendlicher für einen Angriff auf die israelische Armee in Haft, und Rami war ab 1967 als Soldat im Krieg. Doch nach dem Tod ihrer Töchter sannen sie nicht auf Rache, beschuldigten nicht die Gegenseite.

Beide hatten in Zeiten großer Trauer den Elternkreis The Parents Circle gefunden, eine Organisation von mehr als 700 israelischen und palästinensischen Familien, die alle unmittelbar ein Familienmitglied im Konflikt verloren haben. Statt sich in ihrem Schmerz zu vergraben, öffneten sie sich, lernten andere Betroffene besser kennen und begannen, sich in der größten von Israelis und Palästinensern gemeinsam gegründeten Friedensbewegung Combatants for Peace zu engagieren, in der sich ehemalige Kämpfer gemeinsam für den Verzicht von Gewalt einsetzen. Seit Jahren führen sie Gespräche in Israel und in den Palästinensergebieten. In Schulen und auf Veranstaltungen, nach dem Credo des Poeten Rumi: «Jenseits von Richtig und Falsch liegt ein Ort. Dort treffen wir uns.» Sie werden angefeindet und unterstützt, belächelt und gefeiert. Und sie machen weiter. In einem Ende 2023 mit dem Spiegel geführten Interview antwortet Rami Elhanan: «Es gibt keine Alternative. Wir werden es nicht schaffen, die Palästinenser in die Wüste zu treiben, und die Palästinenser werden es nicht schaffen, uns ins Meer zu treiben. Wir sind dazu verdammt, gemeinsam hier zu leben, auf die eine oder andere Weise.»

Scilla macht mich mit einem der Leiter von Combatants for Peace bekannt. Ich telefoniere mit Sulaiman Khatib, er sitzt in Ramallah, ich in Berlin. Wir diskutieren darüber, was wir von Menschen lernen können, die ihr ganzes Leben in einem Konflikt verbringen. Sulaiman spricht darüber, dass bei ihm persönlich der Wandel von Hass zu gewaltfreiem Protest ein langer Weg war, der wieder mit der Frage begann, welches Leben er selbst leben wollte. Und auch er hat die Erfahrung gemacht, dass die meisten Menschen, egal was ihnen widerfahren ist, nicht ihr Leben lang wütend sein wollen. Menschen wollen Hoffnung verspüren, sagt er. «Dafür müssen wir aber unsere eigene Vorstellung von Richtig und Falsch, Gut und Böse infrage stellen.» Das sei Arbeit. «Aber diese Arbeit an mir gibt mir die Chance, selbst in der jetzigen Situation Hoffnung zu verspüren. Ich glaube, dass aus der jetzigen schrecklichen Lage auch etwas Gutes entstehen kann. Dafür setze ich mich ein.» Ich frage Sulaiman zum Ende unseres Gesprächs, woher er die Kraft für diese Hoffnung nimmt. Er antwortet mit einer Gegenfrage: «Willst du lieber Inspiration aus einer möglichen Zukunft ziehen oder aus einer traumatischen Vergangenheit?»

Als Satish und ich nach dem Frühstück durch Amsterdam spazieren, kommt unser Gespräch noch einmal zurück zum Anfang und zu der Frage, wie wir mit den jetzigen Unsicherheiten am besten verfahren. Satish ist der Überzeugung, dass Liebe für uns selbst, für andere, für die Natur um uns nicht nur in Extremsituationen richtig ist oder für Menschen gilt, die direkt bedroht sind. Es sei eine zentrale Grundfähigkeit für uns alle. «Ich scherze immer und sage, es ist nicht genug, sich darauf zu konzentrieren, unsere Demokratie zu verteidigen. Demokratie allein ist keine Garantie für eine gute Regierung. Eine Demokratie ohne Mitleid für die, denen es nicht so gut geht, ohne Sorge um die Natur führt nicht zu gesunden und glücklichen Bürgerinnen und Bürgern. Es ist nur Teil des größeren Bildes. Und das größere Bild braucht Liebe für uns selbst, für andere, für unsere Natur.»

Man muss kein überzeugter Pazifist sein, um nachzuvollziehen, dass gelebte Hoffnung in Zeiten großer Umwälzungen ein besseres Lebenskonzept ist als Wut.

Als jemand, der wie ich sein ganzes Leben in Frieden gelebt hat, ist die Situation von Menschen, die ihr Leben in Konfliktzonen verbringen, nur schwer nachzuvollziehen. Aber ich finde es eindrucksvoll, dass es selbst unter diesen extremen Umständen Menschen gibt, die uns zeigen, dass die Fähigkeit, freundlich, im besten Sinne unbeschwert und liebend zu sein, ein zufriedeneres Leben in Zeiten großer Umwälzung ermöglicht und dass es auch die Chance beinhaltet, auf andere positiv zu wirken. Dafür muss man nicht wie Satish ohne Geld um die Welt reisen oder wie Scilla Verhandlungen führen. Als Fähigkeiten braucht es die Bereitschaft zur Selbstkenntnis und darauf basierend einen großzügigen Blick auf die, die anders denken als man selbst. Man muss kein überzeugter Pazifist sein, um nachzuvollziehen, dass gelebte Hoffnung in Zeiten großer Umwälzungen ein besseres Lebenskonzept ist als Wut. Wenn sogar Menschen im Krieg dies praktizieren können, dann können wir es auch.

Der gute Mensch in Zahlen

Geschätzte Zahl der Blutspenden weltweit pro Jahr:
118 500 000
Geschätzte Zahl der Organspenden weltweit pro Jahr:
157 500

Zahl der Leben, die eine einzige Blutspende retten kann: **3**
Zahl der Leben, die ein Mensch als Organspender retten kann: **8**

Anteil der Menschen in Deutschland, die angeben, ihre Nachbarn bei kleineren Anlässen zu unterstützen, in Prozent: **69**

Anteil der freiwilligen Helferinnen und Helfer, in Prozent, die in einer Studie angaben,

- … durch das Helfen ein Hochgefühl zu erleben: **50**
- … sich stärker und energiegeladener zu fühlen: **43**
- … sich entspannter und weniger deprimiert zu fühlen: **22**

Reduzierte Sterbewahrscheinlichkeit, in Prozent,

- … die eine Studie in Kalifornien bei Menschen ab 55 Jahren feststellte, die in zwei oder mehr Hilfsorganisationen aktiv waren (im Vergleich zu Nicht-Engagierten): **63**

… nach Berücksichtigungen von Faktoren wie Geschlecht, Gesundheitszustand und Lebensgewohnheiten: **44**

Zahl der Non-Profit-Organisationen in den USA, in Millionen,

… im Jahr 1998: **1**

… im Jahr 2023: **2**

Summe der Spenden für gemeinnützige Zwecke in den USA im Jahr 2022, in Milliarden Dollar: **500**

Bruttoinlandsprodukt von Singapur im Jahr 2022, in Milliarden Dollar: **500**

KAPITEL 5

Weil wir in zwei Zeiten gleichzeitig leben können

Wer schon einmal die Kaffeepause einer Businesskonferenz erlebt hat, weiß, dass die Wirtschaftswelt zuallermeist nicht die tiefgründigste ist. Und dass die Wirtschaftswissenschaften auch nicht unbedingt die spannendsten und unterhaltsamsten Theorien produzieren. So dachte ich, bis ich in einem schönen alten Kinosaal in Tribeca in New York auf Clayton Christensen traf. Ich wusste natürlich, dass sich die Managementliteratur seit Jahrzehnten mit der Frage beschäftigt, wie Firmen Veränderung erfolgreich gestalten können. Aber erst an diesem Abend wurde mir klar, dass wir aus den Konzepten zur Veränderung der Wirtschaft auch etwas zur Veränderung in unserem eigenen Leben lernen können. Nämlich wie man in zwei Zeiten zugleich leben kann. Wie wir unsere Gegenwart neu schätzen lernen und gleichzeitig anders über unsere Zukunft nachdenken und auf sie einwirken können.

Wer am 11. September 2001 in New York war, weiß, wie sehr der Anschlag auf das World Trade Center die Stadt traumatisiert hat. Neben den Betroffenen, deren Familien und den Feuerwehrleuten wurde auch das untere Ende

Manhattans zu einem der Leidtragenden. Besonders der Bezirk Tribeca war menschenleer. Nach Tagen des Ascheregens in den Straßen und nach Wochen der Berichterstattung wollte dort niemand mehr wohnen oder ausgehen. Zu denen, die das Viertel aber nicht aufgeben wollten, zählten der Schauspieler Robert De Niro und die Filmproduzentin Jane Rosenthal. Sie wollten nicht zusehen, wie Terrorismus die Stadtkultur zerstört, und sie taten sich mit Janes damaligem Mann Craig Hatkoff, einem Immobilieninvestor, zusammen, um das zu ändern. Gemeinsam mit Craig gründeten sie als Zeichen für die Wiederbelebung das Tribeca Film Festival, das heute zu den wichtigsten in Amerika gehört. Tribeca wurde auch wegen des Festivals bald wieder zu einem der kulturellen Zentren der Stadt. Es wird erzählt, dass das erste Filmfestival 2002 nach nur 120 Tagen Planung und dank der Hilfe von 1300 freiwilligen Helfern stattfinden konnte. Mehr als 150 000 Besucher kamen für das erste Festival nach Tribeca.

Was weniger bekannt ist: Craig Hatkoff tat sich bald darauf im Rahmen des Filmfestivals mit einem Management-Professor zusammen, um eine neue Stiftung ins Leben zu rufen, die Disruptive Innovation Awards während des Tribeca Film Festivals vergibt. Die Disruptor Foundation wollte Menschen anerkennen, die mutige neue Lösungen finden, also nicht kleine Verbesserungen im System suchen, sondern radikale neue Wege gehen. Der Professor ist der mittlerweile verstorbene Harvard Professor Clayton Christensen. Seine Theorie zur disruptiven Innovation zählt noch heute, fast 30 Jahre nach ihrem Erscheinen, zu den einflussreichsten Theorien der Managementlehre rund um die Welt. Jede Wirtschafts-Studentin und jeder Wirtschafts-Student kennt sie. Der Economist nannte Christensens Buch *The Innovator's Dilemma* eines der sechs wichtigsten Wirtschaftsbücher, die je geschrieben wurden.

Als ich 2015 das erste Mal zur Preisverleihung eingeladen war, war Clayton Christensen bereits von Herzinfarkt, Krebs und einem Schlaganfall gezeichnet, der ihm das Sprechen sichtlich schwer machte. Und trotzdem waren er, Craig und der Rabbi Irwin Kula vor Ort, um die Disruptoren des Jahres auszuzeichnen, also diejenigen, die nach Meinung der Stiftung radikale neue Lösungen vorantreiben. Die Gründer von Airbnb wurden geehrt, Justin Bieber, Aktivistinnen. Ich wurde neben anderen als Fellow für die Gründung einer alternativen Business School ausgezeichnet. Der Preis steckt voller Selbstironie und passte zu dem Abend. Als Trophäe bekommen die Preisträger nämlich einen Hammer – denn bei Disruptoren geht es ja darum: «to go out and break sh**t», also den Status quo mit neuen Lösungen herauszufordern.

Das Erstaunliche an der Veranstaltung aber war, dass die Stifter des Preises und vor allem Clayton hauptsächlich darüber sprachen, was Veränderungen für uns persönlich bedeuten und wie wir – egal wie erfolgreich unser Leben von außen erscheinen mag – es schaffen, ein zufriedenes Leben zu führen. Im Einklang mit den Ideen, die wir

Das Schicksal großer Firmen ist oft, dass sie am Höhepunkt ihres Erfolgs nicht erkennen, dass ihr Untergang begonnen hat.

vorantreiben, aber vor allem auch mit unseren Familien, unserer Gesundheit und der Kraft, die wir für die Bewältigung jener Krisen brauchen, die das Leben für uns bereithält. Craig Hatkoff, bekannt in New York als robuster Immobilieninvestor, sprach hauptsächlich darüber, dass die Serie von Tier- und Naturbüchern, die er zusammen mit seinen Kindern geschrieben hatte, der Stolz seines Lebens sind. Claytons Gedanken, die er an diesem Abend äußerte, hat er in Harvard mit seinen Studenten weiterentwickelt. Bereits 2012 war daraus das Buch mit dem Titel «How Will You Measure Your Life?» entstanden, also, wie willst du den Erfolg deines Lebens messen? In dem Buch führt er aus, worüber er an dem Tag auf der Bühne länger sprach: «Jahr um Jahr war ich überrascht davon, wie sehr die Theorien, die wir studieren, uns sowohl in unserem persönlichen Leben wie den Firmen, die wir betrachten, helfen können.» Dem christlichen Christensen ging es dabei vor allem um die Frage, wie man ein rechtschaffenes Leben lebt. Ich aber finde besonders seine Theorie zu Innovation spannend für unsere persönlichen Lebenswege in Zeiten großer Veränderung.

Die Grundidee von Christensens Theorie ist bekannt. Das Schicksal großer Firmen ist oft, dass sie am Höhepunkt ihres Erfolgs nicht erkennen, dass ihr Untergang begonnen hat. Sie verfeinern ihre alten Lösungen immer weiter, während neue Konkurrenten den Markt mit einem völlig neuen, günstigeren Ansatz auf den Kopf stellen. Wer erinnert sich noch an Videotheken in Zeiten von Netflix?

Oder mit Smartphones und Digitalkameras in der Tasche an analoge Kodak-Filme? Eine der Kernfragen, die Christensen mit seiner Arbeit zu beantworten versuchte: Wie kann man den jetzigen Zustand so erfolgreich wie möglich gestalten, aber parallel bereits das nächste Kapitel erfinden, sich selbst disruptieren, bevor es andere machen? Wie kann ich das Heute und das Morgen gleichzeitig vorantreiben? Einige werden jetzt die Augen rollen. Auch in Deutschland und Europa wurde aus dieser Frage ein großer Start-up-Hype, gewannen die Venture-Capital-Aktivitäten der Konzerne an Wichtigkeit, der sogenannte Greenfield Approach, die M&A-Abteilungen. Einige dieser Aktivitäten waren sehr erfolgreich, andere nicht. Aber die Frage – besonders ins Private übertragen – bleibt heute so aktuell wie vielleicht nie zuvor. Wie machen wir das Beste aus heute und – wissend, dass Veränderung kommt – orientieren uns gleichzeitig um?

Als ich vor fünfzehn Jahren anfing, junge soziale Unternehmerinnen und Unternehmer aus der ganzen Welt zu unterstützen, war James aus Uganda, der aus verschiedenen Gründen anonym bleiben wird, einer der ersten sozialen Unternehmer, die ich traf. James war ein ruhiger junger Mann, immer im blauen Poloshirt, mit warmherzigem Händedruck und einem großen, breiten Lachen. James ist Waise, was in Uganda mit vielen Stigmata behaftet ist. Waisen werden oft aus der Gesellschaft ausgeschlossen, es war schwierig für ihn, einen Job zu bekommen. Vor dem Programm bei uns, für das er ein Stipendium bekam, war

James noch nie geflogen. Er blühte in der Gruppe ganz unterschiedlicher junger Unternehmerinnen und Unternehmer aus der ganzen Welt, die wir nach New York City gebracht hatten, sichtlich auf.

Nach ein paar Wochen im Programm präsentierte er zum ersten Mal seinen Businessplan für das Unternehmen, das er gründen wollte. Ich kann mir immer noch das Grinsen nicht verkneifen, wenn ich an den Tag denke. James' Plan war weit in die Zukunft gedacht: Seine Idee war es, eine private Berufsschule für Waisenkinder aufzubauen, um ihnen die Chance auf Ausbildung und einen Beruf zu geben, die er selbst nicht hatte. Starten wollte er aber mit einer Hühnerfarm. Diese würde über Jahre Profite abwerfen und so seine Familie ernähren. Darüber hinaus sollten die Gewinne der Hühnerfarm peu à peu zum Erwerb von gebrauchten Mopeds dienen, mit denen James ein Taxigeschäft starten wollte. Mit den Profiten aus dem Taxigeschäft wollte er dann seine Berufsschule starten, die mit einer zunächst kleinen Gruppe eröffnet werden sollte.

Der erfahrene New Yorker Start-up-Coach, der James betreute, war wohlwollend, aber maximal irritiert und meinte nach der Präsentation zu mir, dass er so etwas noch nie gesehen hatte. Er schlug vor, doch gleich mit der Berufsschule zu beginnen und dafür mit dem Versprechen einer entsprechenden Rendite Geldgeber zu suchen – doch James, groß und schmal mit kahl rasiertem Kopf und Brille, saß uns nur kopfschüttelnd gegenüber. Er erklärte uns geduldig, dass unser Feedback einfach vollkommen an seiner Realität vorbeiging. In seiner Realität damals, so sagte James, war es notwendig, seinen Traum allein zu schaffen. Es war realistisch, sich eine kleine Hühnerfarm zu erarbeiten und Geld zu sparen – die Berufsschule sah er bereits in der Zukunft. Und so kam es, dass er die Woche in New York damit verbrachte, alles über Lehrpläne, Unterrichtsstandards und Zertifikate zu lernen. Er bemühte sich, so viele Menschen wie möglich zu treffen, die sich mit beruflicher Ausbildung beschäftigten. Ich habe während der Corona-Pandemie den Kontakt zu James verloren, aber als ich kurz vor der Pandemie das letzte Mal mit ihm telefonierte, lief das Taxigeschäft gut und die erste Gruppe von 15 Berufsschülerinnen und Berufsschülern war gerade an der neuen Schule an den Start gegangen. Stolz schickte er mir Fotos seines Schulgebäudes, von einem Kurs für Näherinnen und Computertraining.

Wie machen wir im Niemandsland das Beste aus heute und denken gleichzeitig über ein anderes Morgen nach? Von Clayton Christensen habe ich in unseren Gesprächen gelernt, dass wir in Zeiten der Veränderung immer davon ausgehen müssen, dass sich unsere Zukunft stark von unserer Gegenwart unterscheidet. Dass es sich lohnt, heute über das Morgen nachzudenken, ohne dabei die Gegenwart weniger wertzuschätzen. Aber wie machen wir das? Viele Menschen lernen sehr effektiv von Schaubildern und Grafiken. Mir persönlich helfen sie selten. Ich lerne am liebsten aus den persönlichen Geschichten anderer oder noch besser im Gespräch mit ihnen. Doch es gibt eine Ausnahme, ein Modell, das sich genau mit der Frage beschäftigt, wie wir über die Zukunft nachdenken.

Ich habe dieses Modell in den vergangenen Jahren viele Male mit Entscheidern diskutiert, die große Verantwortung für die Veränderung ihrer Organisation haben. Dabei ist mir aufgefallen, je mehr Verantwortung wir persönlich in der Gegenwart spüren, desto schwerer tun wir uns oft, aktiv eine andere Zukunft zu gestalten. Ich arbeite immer wieder mit Menschen, die das Gefühl haben, dass die Entscheidungen für kurzfristige mit denen für mittelfristige Ziele im Konflikt stehen. In diesen Situationen muss ich immer an James und seine Geschichte denken, und das Drei-Horizonte-Modell.

Es wurde vor 25 Jahren erstmals von drei McKinsey-Beratern vorgestellt. Heute – weiterentwickelt von verschiedenen Wirtschaftsphilosophen – wird es gerne für Fragen angewendet, die mit der Wirtschaftstransformation zusammenhängen. Das Modell ist nichts anderes als eine Grafik mit drei Linien, drei Horizonten. Der erste Horizont beschreibt den Status quo, unsere heutige Situation. Die Hühnerfarm, oder wer es etwas deutscher mag, den Verbrennermotor. Wir wissen, dass der Status quo nicht für immer ist, im Fall der heutigen Industrie und Wettbewerbsfähigkeit vielfach problematisch und nicht mehr lange haltbar. Die Linie geht am Ende von oben langsam nach unten. Aber der erste Horizont ist auch das Fundament unseres Wohlstandes, der Arbeitsplätze, einer stolzen Geschichte. Gleichzeitig haben wir eine Vision, einen

Traum, den wir verwirklichen wollen. Das ist der dritte Horizont, eine Linie, die erst langsam und irgendwann plötzlich exponentiell von unten nach oben ansteigt. Die Berufsschule bei James, neue Mobilität aus Deutschland bei der Autoindustrie. Aber einfach die Hühner aufzugeben und die Schule zu starten ist nicht realistisch. Genauso wenig ist es sinnvoll, heute nichts zu verändern. Der Horizont zwei beschreibt deshalb die Anstrengungen für den Übergang. Neue Ansätze, Ideen, Tests, die uns dem Horizont drei näherbringen. Das Moped-Taxi, eine Linie wie ein kleiner Berg, der den ersten und dritten Horizont miteinander verbindet.

Das Spannende an den drei Horizonten ist, dass es ein ganz einfacher visueller Ansatz ist, der trotzdem weit über eine Betrachtung der kurz-, mittel- und langfristigen Realität hinausgeht. Bill Sharpe und das schottische International Futures Forum formulieren es so: «Die zentrale Idee des Modells ist, dass alle drei Horizonte, alle drei Linien, heute schon in der Gegenwart existieren. Und dass wir im Verhalten der Menschen, unserem eigenen eingeschlossen, Indizien dafür finden, wie die Zukunft aussehen wird.» Dabei wird klar, dass Entscheidungen in unserem Leben wie in der Wirtschaft keine Entweder-oder-Entscheidungen sein müssen. Also nicht: entweder Status quo oder Veränderung. Wir können heute bereits alle drei Horizonte – eins, zwei und drei – gestalten.

Das Horizonte-Modell zeigt, dass ein Wert darin liegt, den Horizont eins so gut wie möglich zu nutzen. Aber eben auch gleichzeitig die Träume des dritten Horizonts zu konkretisieren sowie durch die konkreten Ideen und Versuche mit Horizont zwei eine Evolution von Horizont eins zu drei voranzutreiben. Für uns heißt das, wir können unser Bestes heute leben, sogar unsere jetzige Situation noch weiter optimieren. Und gleichzeitig jetzt, in der Gegenwart, ohne zu warten, das Erreichen einer Vision vorantreiben, die radikal anders aussieht. Ich finde dieses Konzept, heute bereits in verschiedenen Zeiten gleichzeitig leben zu können, sehr ermutigend. Denn wenn man sich auf dieses Bild einlässt, ist die magische Frage nicht mehr, ob Veränderung überhaupt möglich ist, sondern wie schnell wir sie vollziehen wollen und können.

Ich rufe Lindsay Levin an, eine Freundin. Sie ist eine erfolgreiche Unternehmerin, unter anderem Gründerin von Leaders Quest, einem sozialen Unternehmen, das seit knapp 25 Jahren Wirtschaftsbossen auf gemeinsamen Reisen die großen Fragen – Klima, Armut, Zufriedenheit – anders näherbringt. Seit 2023 setzt sie sich auch im Leadership-Team der TED-Konferenzen für die Umsetzung der Klimaziele ein. Gemeinsam mit bekannten Klimaforschern und einem tollen Team wendet sie das Drei-Horizonte-Modell an, um die Wirtschaft bei den Klimadebatten besser einzubinden. Dabei sprechen sie statt von Horizonten oft von drei Stimmen, die in unserem momentanen politischen Diskurs zu oft fälschlicherweise im Streit auseinandergehen. Ich höre die drei Stimmen auch oft in meinem eigenen Kopf!

Denn den ersten Horizont kann man auch als die Stimme des Managers verstehen. Er hält unser Leben am Laufen, schaut, dass die Wohnung sauber ist und wir Essen im Kühlschrank haben. Er hält den Status quo aufrecht. Die zweite Stimme ist die des Innovators. Innovatoren wollen etwas verändern, sie sehen große Dringlichkeit und wollen jetzt loslegen. Die dritte Stimme ist die des Visionärs. Sie spricht über Träume und wichtige Ziele, ist inspirierend. Wer kennt diese drei Stimmen nicht von den eigenen Zwiegesprächen? Im inneren Diskurs genauso wie bei der Arbeit. Wie oft höre ich Geschichten über Chefs, die nicht mutig sein wollen, oder Kollegen, die völlig unrealistische, viel zu ambitionierte Pläne verfolgen. Zu oft sind die drei Stimmen im Streit, verharren wir auf jeweils einer der Positionen.

«Das ist nicht einfach», sagt Lindsay. «Und wir brauchen mehr Menschen, die darin geschult werden, immer wieder aus dem Tagesgeschäft herauszoomen zu können, um für sich die Vision der Zukunft zu reflektieren und dann wieder konkrete Lösungen voranzutreiben.» Ich stehe in Dänemark hoch über dem Meer bei Sonne und Wind auf dem Dach der Avedøre Power Station, einem der ikonischsten dänischen Energiekraftwerke. Eine der Leiterinnen des Betreibers Ørsted, dem Pionier der erneuerbaren Energiewirtschaft, führt Lindsay und mich über das Gelände. Dabei sprechen wir über die Fähigkeiten, die sie in ihrem Team sucht. Ørsted hat eine illustre Geschichte. 2009 kündigte das Management einen Strategiewechsel

Dilemmas erfordern es, dass wir zum Teil gegensätzliche Werte oder Ziele gleichzeitig verfolgen und versuchen, sie in Einklang zu bringen.

an: Bis 2040 wolle man 85 Prozent der Energie durch erneuerbare Energien erzeugen. Das Unternehmen, das mehrheitlich dem dänischen Staat gehört, ist der weltweit größte Entwickler und Betreiber von Offshore-Windfarmen. Heute produziert es bereits zu mehr als 95 Prozent erneuerbare Energie. Das Ziel ist, bis 2025 99 Prozent erneuerbare Energien zu verkaufen und als Firma bis 2040 komplett CO_2-neutral zu sein.

Auch im Gespräch mit Lindsay und der Ørsted-Managerin sprechen wir über das Drei-Horizonte-Modell. Darüber, wie es uns helfen kann, das Positive an jeder der drei Stimmen anzuerkennen und Platz für ein Miteinander der Positionen zu schaffen. So kann der Manager beim Innovator neue Ideen bekommen, der Innovator beim Manager Unterstützung. Gleichzeitig kann die Visionärin den Unternehmer inspirieren und er kann für sie ein Alliierter sein. Die Visionärin gibt dem Manager Hoffnung, gleichzeitig erreicht sie nur mit ihm eine skalierbare Lösung. Kurzum, dieses Gedankenexperiment gibt uns die Chance, der Zukunft einen Raum zu geben. Einen Raum, in dem wir uns der drei Perspektiven gewahr werden und anerkennen, dass sie alle einen Wert haben, um unsere Gegenwart und Zukunft zu gestalten. Und noch einmal zurück zu James: Er hat sich beim Treffen mit ihm unbekannten Menschen in New York immer als Hühnerfarmer vorgestellt. Um dann von seinem Traum der Berufsschule zu erzählen und neue Mitstreiter zu finden. Währenddessen hat er mir immer wieder vorgerechnet, wie viel mehr er im Vergleich zu den Hühnern mit einem Moped-Taxigeschäft für die Schule sparen kann, um so seinem Traum der Schule schneller näher zu kommen. James hat früh versucht, die drei Stimmen als Inspiration zu verstehen, um Gegenwart und Zukunft miteinander zu verbinden.

Während ich auf dem Dach des Ørsted-Kraftwerks stehe und aufs Meer schaue, habe ich fast das Gefühl, die drei Horizonte physisch unter mir abgebildet zu sehen. Avedore ging 1990 als aufwendiges Kohlekraftwerk von Ørsteds Vorgänger-Organisation Dong Energie in Betrieb. Zwischen den Jahren 2015 und 2023 wurde es umgerüstet und wird nun komplett mit Holzpellets, also gepressten Holzresten, betrieben, um sowohl Energie als auch Wärme für die Region Hovedstaden zu produzieren. Von oben zeigt mir die Leiterin die Baustelle eines neuen Kraftwerksteils, bei dem durch das Verbrennen von Strohballen, die bei der Ernte übrigbleiben, Energie erzeugt und das nun mit einem der ersten CO_2-Auffangsysteme versehen wird. Ørsted plant so jährlich 150 000 Tonnen CO_2 einzufangen und vor Ort zu speichern. Die CO_2-Zertifikate will es an Technologiefirmen der US-Westküste verkaufen. Aber auch Ørsted, der Darling der grünen Energiefirmen, ist nicht ohne Herausforderungen. 2023 war ein schwieriges Jahr für die Firma. Wegen steigender Kosten, Schwierigkeiten mit Zulieferern und zu ambitioniert geplanten Windfarmen musste die Firma Mitarbeiter entlassen und Projekte abschreiben. Zwischen dem alten umgewandelten Kohlekraftwerk und der neuen CO_2-

Die Fähigkeit, in zwei Zeiten gleichzeitig zu denken, kann uns helfen, aus der Desorientierung des Niemandslandes auszubrechen.

Speicheranlage erzählt mir die Managerin, dass die drei Horizonte eine wichtige Orientierung für die Mitarbeiterinnen und Mitarbeiter sind. Und dass sie auf der Suche nach Kollegen und Kolleginnen ist, die in der Lage sind, die Vision zu verstehen, sie immer wieder zu überprüfen und gleichzeitig ganz konkret im Hier und Heute einen Fuß vor den anderen zu setzen.

Wem das bisher zu rosarot klingt, hat recht. Denn die drei Horizonte machen auch sehr gut die Probleme sichtbar, die wir alle spüren, wenn wir unsere Gegenwart betrachten und über unsere Zukunft nachdenken. Jeder von uns lebt mit vielen Ungewissheiten darüber, was wir eigentlich für wichtig und richtig erachten und wie wir uns dazu verhalten sollen. Wie gehen wir damit um? Charles Hampden-Turner, ein Wirtschaftswissenschaftler aus Großbritannien, hat diese Art von Problemen viele Jahre beobachtet und sagt, dass wir zunächst einmal das falsche Wort benutzen. Denn es handele sich nicht um Probleme, sondern um Dilemmas. Und das sind Situationen, in denen es nicht die eine bessere Entscheidung gibt, sondern in denen wir anerkennen, dass eine komplexe Realität eigentlich ein Sowohl-als-auch erfordert. Dilemmas erfordern es, dass wir zum Teil gegensätzliche Werte oder Ziele gleichzeitig verfolgen und versuchen, sie in Einklang zu bringen. Um auf die Verantwortung in der Wirtschaft zurückzukommen, ein Beispiel: Für mich als Unternehmer besteht immer das Dilemma, dass meine Organisation auf der einen Seite kurzfristig profitabel sein muss, um ausreichende finanzielle Stabilität für die Gehaltszahlungen zu erreichen. Gleichzeitig muss ich in die Zukunft investieren, um weiter konkurrieren zu können. Wenn ich mich nur auf den kurzfristigen finanziellen Erfolg fokussiere, bin ich im nächsten Jahr wahrscheinlich nicht mehr wettbewerbsfähig. Aber wenn ich zu große Risiken für die Zukunft eingehe, kann ich meine jetzigen Verbindlichkeiten nicht mehr bedienen. Profitabilität und Investitionen in die Zukunft sind beide essenziell für den Erfolg meiner Organisation. Und trotzdem stehen sie oft im Gegensatz. Das ist die Natur eines Dilemmas.

Um das Dilemma zwischen Gegenwart und Zukunft aufzulösen, sollten wir uns davon verabschieden, beide als Gegenpole zu betrachten: Entweder wir machen es mit der Wirtschaft so wie früher oder wir bauen sie um für die Zukunft. Entweder James ist Hühnerfarmer oder Ausbildungsleiter. Stattdessen geht es darum, beides zusammenzubringen, sich gegenseitig zuzuhören und herauszufinden, wo es kreativen Spielraum gibt. Sowohl als auch statt entweder oder. In der Sprache des Horizonte-Modells hilft es besonders, wenn wir die Haltung des zweiten Horizontes annehmen, des Innovators. Denn das bedeutet: sich des Werts der momentanen Situation bewusst und mit Träumen für die Zukunft gewappnet zu sein. Denn dann schließt die Antwort auf die Frage, was wir heute angehen oder ausprobieren können, immer auch ein: was uns der Zukunft ein kleines Stückchen näher bringt.

Wenn wir Clayton ernst nehmen, dann wissen wir, dass

Veränderung mit Sicherheit Teil unseres Lebens ist, dass sie aber oft plötzlich und schwer vorhersehbar eintritt. Umso wichtiger ist es, dass wir uns immer wieder proaktiv mit unserer Zukunft, mit unseren Träumen beschäftigen. Und übrigens auch anerkennen, dass diese sich verändern. Modelle wie die drei Horizonte sind meiner Meinung nach eine gute Hilfe, um aus der Dualität des Entweder-oder herauszufinden. Sie sind ein Handwerkszeug, das dabei hilft, neu über die Zukunft und unsere Träume nachzudenken. Dabei wird klar, dass die Zukunft heute beginnt und dass alles, was wir heute tun, Einfluss hat. Das Modell hilft, die Zukunft ins Jetzt zu holen und immer wieder anzupassen, wenn sich etwas leicht oder radikal verändert. Und wenn wir uns den innovativen zweiten Horizont zu eigen machen, können wir die Veränderung mit kleinen Schritten mitgestalten. Die Fähigkeit, in zwei Zeiten gleichzeitig zu denken, kann uns helfen, aus der Desorientierung des Niemandslandes auszubrechen.

Zukunftsvisionen in Zahlen

Geschätzte weltweite Ausgaben vor der Jahrtausendwende, um den Millennium-Bug zu beheben – einen Computerfehler beim Verarbeiten der Jahreszahl 2000, durch den manche ein weltweites Chaos befürchteten, in Milliarden Dollar: **300 bis 500**

Jahr, in dem der Erfinder Nikola Tesla ein Gerät vorhersagte, das man in der Westentasche tragen und dank dem man mit anderen in Echtzeit per Sprache und Video kommunizieren könne: **1926**
Jahr, in dem Apple sein erstes iPhone mit Videotelefonie auf den Markt brachte: **2010**

Jahr, in dem der Autor Arthur C. Clarke in seinem Roman «2001: Odyssee im Weltraum» ein Newspad beschrieb – ein Display, auf dem man Texte lesen und mit Fingerbewegungen navigieren kann: **1968**
Jahr, in dem Apple das erste iPad auf den Markt brachte: **2010**

Investorengelder, die Elon Musks 2016 mitgegründete Firma Neuralink, die Computerchips für das menschliche Gehirn entwickelt, bis Ende 2023 eingesammelt hat, in Millionen Dollar: **323**
Jahr, in dem ersten Probanden, einem Mann mit Querschnittslähmung in Armen und Beinen, ein solcher Chip implantiert wurde: **2024**

Summe, die ein Shanghaier Start-up dafür verlangt, ein digitales interaktives Porträt von Verstorbenen zu erstellen, in Dollar: **700 bis 1400**
Zahl der verkauften interaktiven Porträts von Verstorbenen innerhalb eines Jahres: **1000**

Jahr, in dem das kalifornische Start-up Mojo Vision gegründet wurde, das eine smarte Kontaktlinse entwickeln wollte: **2015**
Investorengelder, die das Start-up bis 2022 eingesammelt hatte, in Millionen Dollar: **204**
Jahr, in dem Mojo Vision ankündigte, die Arbeit an smarten Kontaktlinsen einzustellen: **2023**

Zahl der Firmen, die Google zwischen 2000 und 2020 übernommen hat,

… die zum ursprünglichen Geschäftsmodell (etwa Suchfunktion oder Werbung) passen: **81**
… die Zugang zu neuen Branchen oder Techniken (etwa künstliche Intelligenz) ermöglichen: **187**

Anteil der Menschen in Deutschland, die im Jahr 2023 mit Neugier auf die Zukunft der Gesellschaft in zehn Jahren blicken, in Prozent: **63**

ZUM SCHLUSS

Gegen eine ungerechte Verteilung von Hoffnung

Die letzten Seiten dieses Buches entstanden auf der Rückreise nach Berlin, nachdem ich eine Woche lang quer durch Europa Gespräche geführt hatte. Und irgendwie passend zum Thema musste der Pilot, der gehofft hatte, trotz Sturms in Berlin landen zu können, kurz vor dem Aufsetzen die Landung abbrechen und das Flugzeug mit einem heftigen Anstieg wieder in die Luft bringen. Nach einer Stunde Kreisen und der Suche nach alternativen Flughäfen machten wir uns schließlich auf in Richtung Kopenhagen. Von dort, aus dem Transitbereich des Flughafen-Hotels kommen diese Gedanken zu unserem gemeinsamen Niemandsland.

«Nonesmanneslond» – mit diesem Wort wurde Niemandsland oder No man's land gegen 1320 das erste Mal im Oxforder Wörterbuch verzeichnet. Damals wie heute bezeichnet es eine Pufferzone, oft zwischen zwei verfeindeten Parteien, oder auch als unbekanntes, unerschlossenes Gebiet. Damals war das Niemandsland außerhalb der Stadtmauer Londons, heute liegt es geografisch vielleicht noch in kleinen Teilen des Südpols. Und dazwischen lie-

Wir entscheiden, ob wir das Niemandsland als Kriegsgebiet oder Neuland betrachten!

gen viele Orte, die uns an die schlimmsten Momente unserer Geschichte erinnern. Noch immer ist heute ein Gebiet, auf dem die Schlacht von Verdun im Ersten Weltkrieg stattfand, als Niemandsland geschlossen für die Öffentlichkeit. Der Boden ist noch immer so verseucht von chemischen Waffen und gespickt mit Landminen. Auch Teile Tschernobyls, durch einen riesigen Betonsarg verschlossen, gelten als Niemandsland. Und auf Kuba in der Guantánamo Bay gibt es noch heute eine freie Zone, die mit Minen und Bewegungsmeldern versehen ist.

Auf unsere heutige Situation bezogen passt der Begriff genau wegen seiner Zweideutigkeit. Denn es liegt an uns, ob wir unser momentanes Niemandsland als Pufferzone zwischen Vergangenheit und Zukunft betrachten, in der Konflikte auf uns warten und durch die wir uns einen Weg suchen müssen, der voller Fallen, Minen und Verlust steckt. Oder ob unser Niemandsland ein unbekanntes Land ist, in dem wir uns neu orientieren müssen. Anerkennen, dass uns einiges vertraut, anderes zuerst fremd vorkommen wird. Das aber auch ein Abenteuerland sein kann, in dem wir neue Dinge entdecken und gestalten werden. Wir entscheiden, ob wir das Niemandsland als Kriegsgebiet oder Neuland betrachten!

Meine größte Sorge ist, dass wir im Moment drauf und dran sind, eine neue Art von Ungleichheit in unseren Gesellschaften zu kreieren. Nicht nur bezogen auf finanzielle Ressourcen – arm und reich, sondern bezogen auf Hoffnung und die sich daraus ergebenden Chancen. Ich denke an eine der Präsentationsfolien von Nigel Topping zurück, die sich mit den ökonomischen Veränderungen befasst: «Realität ist: Wir sind weit weg vom Erreichen der Ziele, die wir uns als Wirtschaft gesetzt haben. Umwelteinwirkungen verschlechtern sich rapide. Wir haben Zeit vergeudet. Realität ist auch: Wir haben die Lösungen. Und die Veränderungen gehen viel schneller voran, als wir zuerst dachten. In den meisten Industriezweigen sind die Veränderungen längst in der Umsetzung.»

Das ist der Graben in der Gesellschaft, den ich meine: Die einen haben die Informationen, die ihnen Grund zur Hoffnung geben – andere sind sich sicher, dass es immer nur schlimmer wird. Besonders betroffen davon sind junge Menschen. In ihrem Anfang 2024 erschienenen Buch *Not the End of the World* zitiert die Datenjournalistin Hannah Ritchie eine Umfrage bei 16- bis 25-Jährigen: 56 Prozent der global Befragten stimmten zu, dass die Menschheit verloren ist. 75 Prozent gaben an, dass ihnen die Zukunft Angst macht, 39 Prozent zweifelten daran, ob sie aufgrund der Situation je selbst Kinder haben werden. Wir alle kennen solche Statistiken. Nicht nur bei jungen Menschen übrigens, ich sehe auch viele Daten von Menschen, die in großen Organisationen arbeiten. Auch sie sind ein Beleg dafür: Zu viele Menschen bekommen nur eine Seite des Niemandslandes mit.

Wie im letzten Kapitel besprochen, ist es eine Herausforderung, immer das Sowohl-als-auch mitzudenken. Der amerikanische Schriftsteller F. Scott Fitzgerald nannte das

Wer nur die Probleme sieht, wird an dieser Zukunft nicht mitwirken können.

passenderweise ein Kunststück, denn «ein Künstler ist, wer imstande ist, zwei einander entgegengesetzte Gedanken im Kopf zu haben und trotzdem funktionsfähig zu bleiben».

Ich muss an einen anderen Tag in Kopenhagen denken, als ich zu Besuch bei Bjarke Ingels in seinem Architekturbüro BIG war. Bjarke gilt als einer der wichtigsten lebenden Architekten. Wir diskutierten in einer kleinen Gruppe seinen Ansatz und Bjarke sagte, wir brauchen mehr «hedonistische Nachhaltigkeit». Er erzählte von einem seiner frühen Projekte in Kopenhagen, dem öffentlichen Bad im ehemaligen Industriehafen, das 2002 eröffnet wurde, und dass er im Moment im East River in New York auch eine solche öffentliche Badeanstalt baue. «Es ist doch viel schöner für New Yorker, in ein paar Minuten von zu Hause aus baden gehen zu können, als drei Stunden im Stau zu stehen, um an die Strände der Hamptons zu kommen.» Das Interesse an der Wasserqualität werde daraufhin sicherlich auch steigen.

Für Bjarke ist das Schwimmbad ein Beispiel dafür, nicht primär das Richtige zu tun, sondern an einem kleinen Stückchen schöner Zukunft mitzuwirken. Spaß zu haben. An der Veränderung!

Zurzeit wird an vielen Orten gerade Zukunft gestaltet. Von denen, die die Probleme sehen, aber auch die Chancen und Fortschritt. Wer nur die Probleme sieht, wird an dieser Zukunft nicht mitwirken können. Sie bleiben zurück. Und wenn wir das verhindern wollen, brauchen wir eine neue Einstellung zu Veränderungen. Eine positivere und damit gerechtere.

Solch eine Aussage mag vielleicht zynisch klingen für jemanden, der sich gerade gut überlegen muss, ob er sich einen Sack Kartoffeln leisten kann, der selbst im Discounter mittlerweile ein paar Euro kostet. Ich habe in diesem Buch versucht, einen ganz konkreten Ansatz aufzuzeigen, wie wir Zynismus überwinden können und Gemeinsamkeiten schaffen. Nämlich, indem wir uns mit den Fähigkeiten beschäftigen, die mehr und mehr Menschen helfen können, Veränderung für sich und andere mitzugestalten. Alles, was es dazu braucht, ist, Hoffnung zu wecken – um dann gemeinsam jene Fähigkeiten zu lernen und anzuwenden, die uns befähigen, unser Heute und Morgen zu gestalten. Es gibt rund um die Welt genug Vorbilder, Menschen, die uns zeigen, wie Hoffnung geht und wie Veränderung.

Menschen, wie Arvind oder Pranav, die sich bewusst entschieden haben, sich einzumischen. Menschen wie Jessica, die sich immer tiefer in ein Problem verliebt hat. Wie Bilha und Jane, die uns dabei helfen, ein Problem aus neuer Perspektive zu betrachten. Menschen, wie Satish, Scilla und Sulaiman, die uns zeigen, dass ein befreiter liebevoller Blick auf andere in unserem ureigenen Interesse ist. Und Menschen wie Lindsay, Bill und James, die sich und uns dazu ermutigen, in zwei Zeiten zugleich leben zu können, heute und morgen.

Alle fünf Gründe, warum die Welt nicht untergeht, haben mit uns selbst zu tun und mit erlernbaren Fähigkeiten, die wir alle in uns tragen. Wir sollten sie üben und stetig verbessern – für unsere Zukunft, für unsere Kinder, für uns selbst.

Originalausgabe
Veröffentlicht im Rowohlt Verlag, Hamburg, November 2024

Lektorat Gabriele Fischer, Holger Volland
Faktencheck Katja Ploch
Projektmanagement Hendrik Hellige

Covergestaltung Mike Meiré / Meiré und Meiré
Satz aus der Sabon
bei Pinkuin Satz und Datentechnik, Berlin
Druck und Bindung GGP Media GmbH, Pößneck
ISBN 978-3-98928-016-8

MIX
Papier | Fördert
gute Waldnutzung
FSC® C014496
FSC
www.fsc.org